Math Mind

数学思维的力量

The Simple Path to Loving Math

[美]沙琳妮·夏尔马 著
Shalinee Sharma
胡小锐 译

中信出版集团 | 北京

图书在版编目（CIP）数据

数学思维的力量 /（美）沙琳妮·夏尔马著；胡小锐译. -- 北京：中信出版社，2025.3. --ISBN 978-7-5217-6715-5

I. O1-49

中国国家版本馆CIP数据核字第2025BE7630号

数学思维的力量
著者：［美］沙琳妮·夏尔马
译者：胡小锐
出版发行：中信出版集团股份有限公司
（北京市朝阳区东三环北路27号嘉铭中心　邮编　100020）
承印者：北京通州皇家印刷厂

开本：787mm×1092mm　1/16　印张：15.5　字数：170千字
版次：2025年3月第1版　印次：2025年3月第1次印刷
京权图字：01-2024-6025　书号：ISBN 978-7-5217-6715-5
定价：65.00元

服务热线：400-600-8099
投稿邮箱：author@citicpub.com

献给教会我热爱学习的所有老师，

特别是我的父母，

你们总是鼓励我要尽最大努力，

你们是我最重要的老师。

声　明

书中的故事都是作者对事件的回忆。为保护隐私，对一些人名、地点和可能透露人物身份的特征做了修改。书中的对话是根据记忆再现的结果。

目 录

引　言

让学数学从苦差事到乐趣无穷

首先你应该知道的是，我不是数学天才。但在六年级转学时，我被出乎意料地安排到数学优等班。因为迷路，我走进教室时已经迟到了，映入眼帘的是我从未见过的景象：教室前面是一群追逐打闹、自信快乐的男生，教室后面安静地坐着几个女生。我知道我属于哪个阵营，但唯一的空位在前排。在最初的几个星期，我表现得和坐在后排的那些女生一模一样——畏畏缩缩、缺乏自信，并且从不举手发言。

第一次测试后，斯奈德先生说："你考得很好。如果你尽最大的努力，就可以和男生一样好。"按照今天的标准，这句话非常糟糕，但当时还在上中学的我听了之后却大为震撼。我知道自己的成绩落后了，但我也听懂了斯奈德先生对我的鼓励：如果我努力学习，不仅能缩小差距，还能与最优秀的同学一决高下。

斯奈德先生的话改变了我的自我期望。本来，我在潜意识中认为，我能走进那间教室只是运气好，在接下来的一年里，我得全力以赴才不会被淘汰。但斯奈德先生告诉我，我属于那间教室，只要努力，我就能取得优异的成绩。

受到鼓舞之后，我真的努力学习了。在努力学习的过程中，我发现了数学本身的美和乐趣——不是考试成绩优秀让我松了一口气，也不是取悦他人得到的回报，而是解决难题或者找到正确方法后豁然开朗时感受到的纯粹的愉悦。当比率表上的比率各就其位时，我很高兴；当我在坐标平面上标出那些点后发现y确实等于$mx + b$时，我会恍然大悟。我不仅学会了做数学题，而且爱上了数学。

我不是独自一人完成这个转变的。我的父亲迫不及待地担任我的数学老师，母亲成了我坚定的支持者。我的父亲热爱数学，这改变了他的人生轨迹，让他在印巴分治后从难民危机留下的满地废墟中走了出来，来到美国当了一名医生，从此过上了舒适的生活。我的母亲也是医生，同样在印巴分治后沦为难民。努力工作是母亲最大的快乐。她知道，努力需要高质量的助推剂，就好比她把水果切成有趣的形状后，我会吃得更多。我成了一名数学小能手——我不是天生的数学小能手，但我发现自己可以变成数学小能手。

这个发现彻底改变了我的生活，它同样可以彻底改变你的生活。我无数次看到数学能力让人们过上了更美好的生活。在一群优秀的老师和技术专家的带领下，我建立了一个名为“Zearn”的非营利性机构，其下的Zearn Math是一个顶级的中小学数学学习平台，为幼儿园到八年级的孩子提供免费的数字课程。

我绝不是第一个为数学唱赞歌的人。“数学”（mathematics）这个词来源于拉丁语词根，意思是“学习”。数学是每个有记载的人类文明的中心。美索不达米亚、古埃及、中国、古印度、玛雅和古希腊的数学家在几千年前提出的开创性思想，每天都被我们用来解决最平凡和最复杂的问题，从而不断塑造着人类的命运。从“0”这个基本概念到微分的高级思想，数学始终处于人类历史的中心。数学之光照亮了音乐、建筑和艺术的结构，创造了美和奇迹。

但是大多数孩子讨厌数学，而且在学习中发现数学也讨厌他们。我们的教学方法以一种比较隐晦的方式告诉大多数学生，他们不具备学好数学的条件。我们的教学方法表明，要学好数学，就要记住乘法表和烦琐的运算法则。我们奖励以最快速度大声说出正确答案的学生，我们教学生做多项选择题。这些做法把数学变成了靠死记硬背学习的高风险可怕学科。而对那些成绩不佳的学生，我们会用陈词滥调来安慰他们，框定他们的道路：“别担心，你是一个有创造力的人，只不过数学不适合你。”

对人类如此重要的东西为何变得如此遥不可及？数学属于所有人，但许多人已经与它渐行渐远。想象一下学校对阅读传递出类似信息的场景：“你们中的一些人天生就是读书的料，但大多数人只是没有识字的基因，所以不要担心，书籍和恐龙一样，最终都会消失。”我经常听到“我们不需要教数学，有电脑和计算器帮助我们”的说法，难道Alexa（亚马逊智能语音助手）可以读书给我们听，我们就不需要识字了吗？

我第一次萌生写这本书的念头是因为在2月的一个寒冷的日子里，我发现某些人对数学的消极观念让我难以忍受。当时，我正在幼儿园等着接孩子。我一边想着工作上的琐事，一边因迟到而自责。一想到我的身体这么差，还要爬上4楼到蒙台梭利班接孩子，我的心情就更加沮丧了。就在这时，另一位家长开始闲聊。

"她基本上和我一样，"那个女人说，"她就学不好数学。"

这句话让我既担心又迷惑。我抬起头来，试图掩饰自己的情绪。这位妈妈说的是一个学龄前儿童，而这个儿童才刚刚开始接受教育，一个完整的知识领域就被划入了禁区。

"你知道吗？"她接着说，"她就不适合学数学。不过，她喜欢字母。你知道的，我们属于创造型。"

像往常一样，为了家庭的利益，我尽最大努力假装自己是一个"正常人"，而不是从事数学教育的人。一时之间，我不知道有什么办法既可以让那位母亲知道自己犯了大错，又不至于得罪她。没过一会儿，孩子们鱼贯而出。那位母亲的女儿笑着扑进她的怀里，把她撞得后退了一步。

"你们男孩子基本上都是数学小能手，"女人说，"我们女孩子就不适合学数学。"

血液涌向我的大脑，我的心怦怦直跳。我想大声告诉她："她能听到你说的话，还有可能牢牢记住，请你不要说了！"

当我们一起下楼时，我终于知道该怎么说了。我把声音压得很低："你的女儿适合学数学，你也是。数学有创造力，也很美。"

对方向我苦笑一下，笑容里带着好奇。我知道她不相信我。

就在接孩子的那天上午，我在咖啡馆里看书，意外地和一位陌生女士聊了起来。对方问我是做什么的，我告诉她，我为孩子和老师提供数学学习体验，帮助所有孩子爱上数学。她直直地盯着我的眼睛，停顿了一下，然后说："整个中学阶段我都害怕数学，不过我还是战胜了它。我现在只是特别不喜欢数学而已。不过，我确实每天都要用到它，因为我在工作中需要编写预算。"

在这次邂逅之前，我正一边平静地喝着卡布奇诺咖啡，一边阅读一本关于培养创造力和勇于创新的励志畅销书。为了让自己的观点更具广泛性，该书的作者在第 1 章中贬低了数学，并对代数是否可以作为一种文学手法提出了疑问。

在 2 月的那个星期二，在我身边出现了 3 种针对数学的消极态度：贬低、恐惧和痛斥。我知道有些事情必须改变，而我们有能力改变它。如果我们改变叙事方式和态度，那么所有人都不会将数学拒之门外。

* * *

我们可以恢复数学在我们的生活和文明中的核心地位。我将在接下来的内容中分 3 个部分论证一种新的数学心态。第一部分重点讨论阻碍孩子发展数学大脑、欣然接受数学的 3 个误区。第二部分阐明可以帮助我们更好地学习数学的具体方法，以便孩子们（和成年人）能爱上数学，而不是讨厌或回避它。第三部分阐述实现这一愿景的障碍，并证明要实现所有人向往的未来，数学能力至关重要。

此外，在最后一部分，我还将说明普及数学不仅对社会有益，对个人的成功和满足也有好处，这一观点也贯穿了全书。父母帮助孩子学好数学的动机是显而易见的——帮助他们在成年后取得更大的成功。不过，下面还是让我从每个人都能得到的 6 个关键好处说起：

1. 掌握解决问题的能力。
2. 培养理性思维。
3. 创造更多的职业选择和机会。
4. 学会个人理财的语言。
5. 在数字化世界中工作并完全融入其中。
6. 抚慰心灵。

最后一个好处需要稍加解释。与人们的普遍看法相反，数学并不是一种枯燥乏味的练习。相反，它与艺术有很多共同之处。当我们全身心投入数学时，当我们愿意自由地、创造性地探索数学时，我们会体验到一种奇妙的感觉。在这个充满压力、变化无常的世界里，孩子和成年人比以往任何时候都更需要这种感受。被数学抚慰过心灵的孩子在长大后更容易领略数学结构的优雅，他们能从方程式的逻辑中得到安慰，能从银河系的形状、音乐的节奏乃至符合数学模型的世间万物中发现美。

这种数学的荣耀可能与你的经验背道而驰。你可能会想，“她说的是别人，不是我”，或者“她说的是别人家的孩子，不是我的孩子”。事实上，我说的就是你。我会在下一章中说明，我说的是所有人。我们当年都有可能成为数学小能手。现在，我们仍然有成为数学达人的潜力。

序章

我们当年都有可能成为数学小能手

如果我说，其实我们并不特别清楚如何学习数学，你会怎么想?

尽管课堂上有严格的规则和练习，但是其背后的不确定性令人震惊。“我们对如何教孩子数学到底了解多少？”杰伊·凯斯宾·康在最近一篇关于数学教育现状的文章中提出了疑问，“答案是我们了解得并不多，而且我们知道的那一点儿东西也很有争议”[1]。

他的这个说法令人震惊，因为数学是K–12 教育（美国基础教育）学习的基本课程之一。特别是考虑到小学生对分数的理解预示着能否完成代数的学习，而能否完成代数学习是预示能否进入大学并完成大学学业的最重要因素。数学确实可以改变人生轨迹。

不过，我在 10 多年的数学教育历程中也发现了同样的问题。在建立和不断改进K–8（从幼儿园到八年级）数学学习平台（这个平台为数百万学生和数以万计的教师提供服务）的过程中，我切身体会到在建立数学思维等基本问题上，人们的怀疑和分歧有多么严重。

然而，10 多年的经历让我确信一点：我们当年都有可能成为数学小能手。

10 年前，我是不会相信这句话的。虽然我知道我成了数学小能手，而不是天生就是数学小能手，但我没有总结自己的经验。然而，出于各种原因，特别是新冠疫情期间，我踏上了高强度的学习之旅。作为一个乐观主义者，我愿意相信每个人与生俱来的能力。但我是一个持怀疑态度的乐观主义者，因此我只相信眼见为实。我认为我的经历是个案，能学好数学是得益于一种罕见的天生能力，因为这是社会的主流说法。虽然我通过努力勉强取得成功，但我仍然认为，能学好数学的人大多天赋异禀。

为什么我们对数学学习的认识很重要？因为我们最初的假设很重要，有的假设甚至会决定结果。假设会有意无意地影响我们的行为。大学一毕业，我就找到了一份用金融模型预测结果的工作。在接受培训时，我们被告知必须找到并探究分析模型中最敏感的假设，也就是说，如果改变这个变量，就会彻底改变模型得出的结果或答案。

深夜，我独自坐在工位上，处理那些电子表格，寻找最敏感的假设。我不时陷入沉思，思考在我生活的其他方面，哪些假设是最敏感的。如果我想喝更好的咖啡，吃正宗的印度菜，我能假设波士顿的咖啡馆和印度餐馆会改善餐品的品质吗？如果不能，那么我应该搬家吗？这些假设可以预测未来，因为它们可能在不经意间决定未来。

想一想，“谁能学好数学”和“我们如何教数学”是两个完全不同的问题。它们从截然不同的假设开始，表现为泾渭分明的两个项目。在一个项目中，我们是在分类，而在另一个项目中，我们是在教学。

为了理解“谁能学好数学”这个假设的重要性，接下来我要分享美国高中教育革命[2]中这个不为人知的故事。1890年，只有不到7%的美国儿童能上高中。[3]高中是富人的奢侈品，或者是通过入学考试才能享受的特权。能享受这个奢侈品的全是那些性别和种族都“正确”的人。然而，到1940年，美国儿童读高中的比例上升了10倍，达到了70%以上。[4]美国儿童教育发生的这个巨大变化大大改变了20—21世纪的文化、经济和政治，并对由美国领导的、延续至今的全球技术革命产生了重大影响。

这种转变的影响之深远，怎么形容都不为过。在美国和欧洲的历史上，孩子需要参加他们心仪高中组织的测试（其实就是“分类”），以确定他们是否足够优秀。在20世纪的前10年，美国检验了这种基于分类的假设。时代精神突然转变，许多教育领袖开始怀疑，学生能否通过高中教育出色地完成入学考试中评估过的那些任务，从而成为对社会更有贡献的人。

19世纪早期的教育领袖霍勒斯·曼提倡免费和普及教育（他没能在有生之年看到高中教育革命，但影响了它的筹划）。他认为，教育“是使众生平等的伟大的均衡器，是社会机器的平衡轮”[5]。欧洲继续采用分类和测试的模式，而美国决定让“每个人”都接受教育，包括女孩。（然而，在大多数地方，“每个人”仍然只包括白人。整合教育系统的工作至今仍在继续。）通过对儿童和人力资本的投入，美国在技术和经济进步方面超越了当时的其他发达国家。事实证明，让所有学生，而不是挑选少数人接受高中教育，对所有人都有利。几十年后，欧洲也开始效仿。美国的高中教育革命，而不是欧洲的分类模式，成为世界上所有国家的默认教育模式。

正向偏差

让我们回到第一次促使我质疑自己的假设的那段经历。2012 年，我辞去了快节奏的商业工作，与一群教育工作者一起创办了非营利性机构 Zearn。虽然我在商界干了 10 多年，但我从未打算在这个行业待这么久。小时候，我告诉别人我想在美国红十字会工作，但我并不懂其中的意义；上大学时，我研究了社会部门和直接服务领域的职业。而在我希望从事的服务行业中，教育占有特殊的地位。

作为难民的孩子，我亲眼看见了良好的教育是如何改变生活的。当我的父母还是小孩子时，他们的生活很动荡。1947 年夏天，随着印度摆脱殖民统治，英国匆忙计划的毁灭性分治（印度和巴基斯坦划界而治）导致 1 400 万人流离失所，估计有 300 万人死亡。[6] 这是人类历史上最大的难民危机。作为孩子，看着全家人在印巴分治的余波中远渡重洋，我学到了 3 个关键的教训：第一，教育可以改变一个人的人生轨迹；第二，很多人很不幸，没有机会接受教育；第三，整个体系非常不公平。所以，当我有机会通过花费时间和精力来增加接受教育的可能性时，我抓住了这个机会。

我们创立Zearn是为了回答两个问题：第一个问题是，我们能否利用数字化工具继续推进高中教育革命，进一步普及优质教育？第二个问题是，科技如何在教学工作中发挥补充作用？在规划我们的发展方向时，我发现最有趣的答案回答的是我最初没有问过的问题，因此我开始质疑深藏在我的意识中但我并未意识到的几个假设。

没有任何手册告诉我该怎么做。我不得不另辟蹊径。在《瞬变》一书中，奇普·希思和丹·希思分享了一种在没有指令的情况下解决难题的模式。[7]他们使用的方法是研究"闪光点"，即克服重重困难的特殊案例。他们在书中写道，人们认为，越南农村儿童营养不良问题是贫困和卫生条件差的必然结果，因此在这些基础问题得到解决之前，儿童营养不良的情况是无法改善的。20世纪90年代，越南救助儿童会的负责人认为，这些观点是正确的，但毫无用处。他们不能等到贫困和卫生条件差的问题被解决之后，再去解决儿童营养不良问题。

研究小组通过观察发现，尽管生长环境相同，但有的孩子在茁壮成长，有的孩子却营养不良。他们发现健康儿童的父母在很多细微之处偏离了常规：虽然孩子每天吃的总量相同，但有的母亲每天让孩子吃4顿饭，而不是通常的2顿饭；亲手给孩子喂食，而不是让他们用公碗吃饭，也能让孩子更健康；给孩子们吃稻田里的虾蟹

（被认为是儿童不宜的食物）和红薯叶（被认为是杂草），同样对健康有益。

我在寻找发展方向期间，也开始寻找闪光点。我认识的一些老师教过来自低收入社区，但是在州年度数学考试中取得优异成绩的学生。总的来说，财富和资源是预测教育能否有利于社会健康的重要指标。虽然以此作为指标很可悲，但我们从中看到了一个正向偏差：有人克服困难取得了非凡的成功。通过观察这些老师，我发现他们采用了一些微妙但非常有效的方法，帮助学生学习并热爱数学——就像吃些虾蟹和红薯叶可以获取营养一样，这些方法也起到了促进教育的作用。

请看下面这个问题：

下列哪个分数的值最接近 $\frac{1}{2}$ ？

$\frac{5}{8}$　　$\frac{1}{6}$　　$\frac{2}{2}$　　$\frac{1}{5}$

你可能已经学会了用和我一样的方法来解答这个问题。首先，我会花几分钟，费力地找出面前这些分数的公分母。8、6、2、5 的公倍数是多少？经过几次计算，我会得到 120。然后，我还要做更多的计算，将所有分数转换为以 120 为分母的分数。我的计算过程如下。

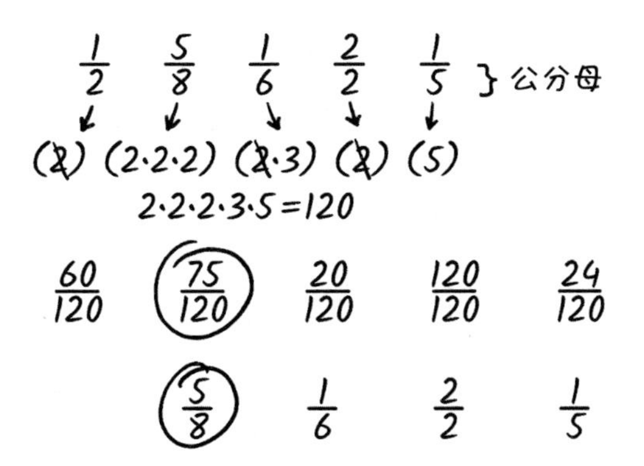

但我遇到的一些老师在教授这个问题的解题思路时，使用的方法有所不同。就像越南父母用不同的方式喂养孩子产生了积极的健康结果一样，这些老师的教学方法也产生了正向偏差。他们关注的是引导学生深入理解这道数学题，因此首要目标并非让学生找出最小公倍数，尽管在必要的时候，他们的学生肯定可以准确地计算出最小公倍数，并用这个方法解决问题。他们知道，学生可以效仿老师的方法，花几分钟完成几十次计算，然后得出答案。他们还知道，学生无须了解自己到底在做什么，就能得出准确答案。但他们更知道，这是失败的教学。

这些老师在讲解这类问题时，首先会讨论分数的意义。他们会教导学生："记住，分数是数字，不是象形符号。首先要确保你理解了这个问题，而不是直接照搬那些步骤。你可以使用图形或者给自己讲个故事，总之，你可以根据需要采用任何方法。"

一些老师在黑板上画了下面这样的图，把分数从毫无意义的符号变成了每个人都能理解的意思。

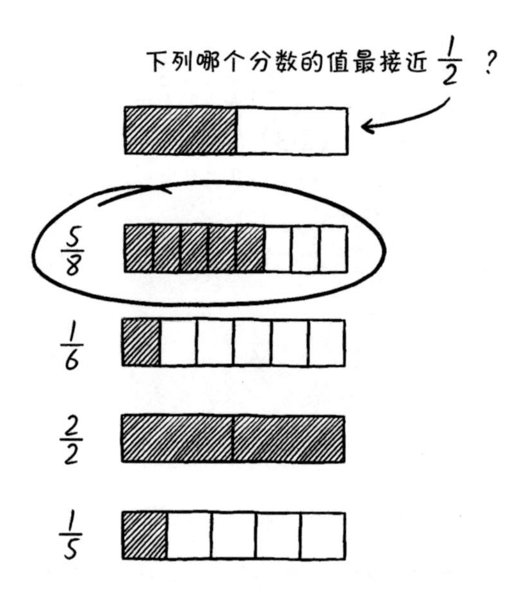

他们告诉学生，学数学时，理解至关重要；理解后，你甚至根本不需要计算。

这个不一样的方法让我惊愕不已，因为在上六年级时，为了留在数学优等班并最终学好斯奈德老师的数学课，我在卧室里练习时用的就是这样的方法。我的成绩落后得太多，我也不记得所有的步骤和技巧，所以我尝试了另一种策略——跳过步骤和技巧，在理解上下功夫。现在，我能说说自己当时是怎么做的了。为了理解数学题，我会通过画图或其他方法简化问题。虽然有时要花更长的时间，但我努力去理解，而不是只靠死记硬背。在我观摩过的重视理解的课堂里，孩子会发现数学是有意义的。他们被教导去寻找并理解这些意义，他们被教导应该期待做这样的事。这让我很兴奋。难怪这些孩子会成功，他们学习的是只有足够幸运的一部分人才能靠自己弄明白的“数感”。

顺便一提，上文的这个问题并不是什么古老的数学问题，而是美国国家教育进展评估（NAEP）中的一个问题。NAEP是一种针对四年级和八年级学生的代表性样本的教育评估工具，被称为“国家成绩单”，是我们了解美国学生数学成绩的重要方式。而在这道题目上，我们失败了：[8] 75%的美国四年级学生答错了，其中41%的四年级学生选择了2/2，这是所有选项中最大的数，也是离1/2最远的值。如果按照图形来理解，没有学生会选择2/2作为正确答案。在正向偏差的课堂上，一个乏味的与实体无关的计算问题变成了一个更简单的推理问题。

打造更杰出的数学大脑

为了寻找有效的学习策略，我需要学习多门学科，包括脑科学。我学到的知识使我更加坚信数学小能手是靠后天培养的，而不是天生的。近年来，认知科学及其相关领域取得了丰硕的研究成果，证明我们的大脑不是固定不变的，而是动态的——我们用“可塑性”一词来描述大脑做出改变的能力。

这与我的认知相悖。我曾认为大脑的能力是固定的：一个人要么聪明，要么不聪明；要么擅长写作或者数学，要么不擅长。我知道刻苦学习很重要。我靠勤奋完成了六年级的学业，我还目睹了父母为了让我和哥哥过上好日子，在美国重新接受医学培训的过程。

然而，在内心深处，我仍然认为人的基础能力是固定的。但是在深入研究相关科研成果后，我发现事实恰恰相反。其实很简单，就像身体可以变得更健壮一样，大脑也可以变得更聪明。如果你每天做俯卧撑，你就能做越来越多的俯卧撑。你会很快超越自己及他人认为你能做到的极限，肌肉会变得更强壮。同样，大脑也可以变得更聪明。

请让我以宾夕法尼亚州新斯坦顿市的小男孩坦纳·科林斯的故事为例。[9] 坦纳 4 岁时，大脑中长了一个高尔夫球大小的肿瘤，导致癫痫发作。上一年级的时候，他每天癫痫发作 50 次。医生切除了他 1/6 的大脑，包括右脑的整个视觉处理中心。出乎意料的是，坦纳依然茁壮成长。到 12 岁的时候，他的大脑与同龄儿童的大脑惊人地相似，而且他是一名全优生。

大脑的可塑性不仅能让孩子受益，成年人也能从中受益。在 GPS（全球定位系统）出现之前，伦敦出租车司机必须做到能够在错综复杂的市区环境中自由穿行。[10] 一项研究发现，他们在两点之间选择最快路线的能力惊人。事实上，这些出租车司机所面临的路线选择挑战刺激了大脑的发展；也就是说，他们的大脑因为工作而发生改变，导致记忆中枢的尺寸超过平均水平。

我们应该设计，并且也可以设计一个打造数学大脑的学习系统，而不是按照大脑是否已经做好学习数学的准备将孩子分类。如果我们提供适当的刺激和体验（相当于要求出租车司机在复杂的街区中寻找路线），孩子们就会迎难而上。

数学本能

婴儿从咿呀学语过渡到能说完整的句子，并不会让我们感到惊讶。在婴儿还听不懂的时候，我们就开始和他们交谈，而且我们知道他们迟早会说话。人类有语言本能。但令我惊讶的是，我们还有数学本能，即与生俱来的数感。不仅人类会数数，灵长类动物、海豚，甚至鸟类（其大脑功能遭到了不公正的贬低）都能数数。

阻碍我们这一认识的一个因素是，长期以来我们一直被儿童心理学家让·皮亚杰的观点所影响。皮亚杰认为幼儿无法理解因果关系，不能进行逻辑思考。[11] 皮亚杰指出，幼儿以自我为中心，很难从他人的角度考虑问题。他还认为，逻辑思维能力只能通过正规教育中的试错来获得。但是，前沿科学研究已经推翻了他的这些观点。从一开始，我们的大脑就是为数学而生的，能够理解数量、因果关系及复杂的代数思想，比如求解x。

事实上，加利福尼亚大学伯克利分校的一组研究人员比较了学龄前儿童与大学生求解x的能力，结果显示，学龄前儿童更胜一筹。[12] 这项研究的结果还表明，学龄前儿童天生就理解多重因果关系的概念。研究人员向学龄前儿童和大学生展示了同一台机器（他们称之为“玩具”）。当在机器托盘上放置正确颜色或数量的积木时，机器会亮灯并发出声音。让机器亮灯的方法有两种。第一种方法是将一块蓝色积木放在托盘上，第二种方法是将一块橙色积木和一块紫色积木放在托盘上。研究人员要求每个小组利用积木使玩具亮灯，并让他们在玩游戏的同时完成实验。

每次玩游戏，学龄前儿童都比大学生做得好。虽然两个小组都能通过因果关系测试，确定蓝色积木可以让玩具亮灯，但学龄前儿童更有可能发现也可以通过两块不同颜色的积木来启动玩具。研究人员发现，大学生受到“单因单果思维”的影响，而学龄前儿童则更灵活，愿意考虑多重因果关系。

如果你仍然怀疑我们天生具有数学本能是没有科学依据的，就想一想鸽子和灵长类动物吧。鸽子不仅会数数，还能学习有关数字的抽象规则。事实证明，它们的能力与灵长类动物不相上下。[13] 灵长类动物可以将屏幕上的物品由少到多排序，即使这些物品的大小和形状各不相同。[14] 哪怕屏幕上出现的是不熟悉的物体，它们也可以完成这个任务。换句话说，不管对象是什么，灵长类动物都明确无误地知道 5 比 2 多。

无论是鸟类和猴子，还是大学生和学龄前儿童，我们取得的关键发现都很明确：数学能力并不是一种罕见的天赋，而是一种本能。如果你在一生中的大部分时间里都认为自己或其他人没有学数学的能力，那么一些强大的数据集可以帮助你质疑这个结论。

2012 年，我与一些人共同创立了非营利性数学学习平台 Zearn Math。因为是非营利性的，所以 Zearn Math 平台上的资源都是免费的。这也让我们能够专注于“为所有人学习数学提供服务”这个长期目标，而不是利润这个短期目标。老师们喜欢我们平台的测试版数字化课程，会与同事分享这个网站，使其传播开来。2023 年，美国 1/4 的小学生和超过 100 万的初中生活跃在这个平台上。换句话说，数百万学生在我们的网站上完成了 140 多亿道数学题。因此，我们掌握了庞大的数学学习数据。

通过数据，我们可以看到孩子们是否理解了尽管 4 比 2 大，但 1/4 比 1/2 小。通过这一平台，我们可以每周推送代码来更新课程，以更好地满足学生的需求。我们的产品经理和数据科学家可以梳理数据，回答学习数学的最有效方法是什么。我们不断地从数据中看到一些简单而深刻的东西：随着数学题越做越多，所有学生都在学习上有所收获。我们发现之前得分最低的学生取得的进步最大。为什么会这样呢？这是因为在此之前，他们受到各种阻碍，导致他们的学习能力没有发挥到极限。根据 140 多亿道被解答的数学题，我们可以得出这样的结论：我们都有数学本能，我们都可以拥有数学大脑。

我们还可以通过数学之外的数据来扩充我们的视野。当看到下面这张关于识字率随时间变化的图表时，我不禁想到生活在 1850 年的人们对阅读能力做出的假设。今天，我们理所当然地认为识字是可以教授的，但在历史上，识字是一种罕见的技能。是什么制度和理由导致识字能力在 19 世纪如此特殊呢？是什么导致我们将人分类而不是教育他们呢？最后，也是最有趣的问题是，我们为什么要做出改变？

请注意图 1–1 中曲线的坡度。[15] 在 1800—1900 年里，识字率逐渐提高，但是在 1900 年之后的 100 多年里，曲线的坡度变大了。在曲线变陡的同时，地球上的人口也在爆炸式增长。

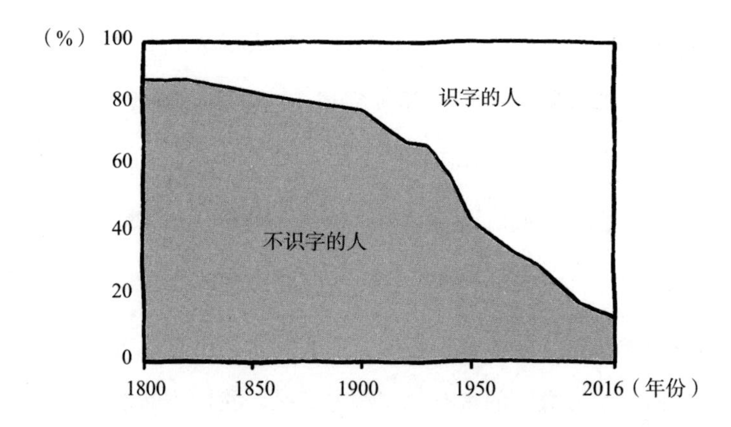

图 1–1　全世界 15 岁及以上人口中识字的人和不识字的人的比例

资料来源：改编自 OurWorldinData.org/literacy（CC BY 4.0 协议）

另一组相关数据是美国与其他经济合作与发展组织成员国的学生的数学成绩。在 2022 年国际学生评估项目（PISA）这项国际考试中，美国高中生的阅读能力排名第 9，科学能力排名第 16，而数学排名第 34。[16] 简而言之，欧洲国家和亚洲国家学生学习数学的人数和学习的内容都比美国学生多，无论用什么方法分析，都会得出这样的结果。同样重要的是，现在排名靠前的许多国家，也就是所有表现优异的亚洲国家，在 50 年前都与排名靠前的国家相距甚远。既然他们能取得这样的成就，我们也能。我们都可以成为数学达人。

这是我在作为学生学习数学、将数学应用于量化专业，以及了解其他人如何学习数学的过程中获得的顿悟。尽管这个顿悟足以让我放弃成功的商业生涯，转而创办一家旨在普及优质数学教育的非营利性机构，但我仍然没有足够深入地推进自己的假设。一旦我做到了，世界就会变得不一样了。本书接下来的内容涵盖了我在这段旅程中学到的东西，以及你如何运用这些东西与我们共同创造让所有人都可以学习数学的未来。

第一部分

学好数学，从走出误区开始

思想意识，名词，指想象与现实的关系。

——金·斯坦利·罗宾逊,《未来部》

如果潜意识没有进入意识，就会引导你的人生而成为你的命运。

——卡尔·荣格

虽然许多人说讨厌数学，但他们真正的意思是他们讨厌在数学课上做的那些事情。他们讨厌没完没了的时间压力，讨厌死记硬背毫无意义的公式和步骤，讨厌被迫严格按照老师说的方法解题。

这些人很不幸，因为他们的学习是建立在一些错误认知上的：速度代表一切，成功完全取决于是否记住了那些步骤，所有问题都只有一种正确的解法，创造力丧失殆尽。这些误区会让求知欲强的孩子长大后对数学感到恐惧，会阻碍我们轻松自在地面对数学，阻碍我们发展技能，阻碍我们在各个领域取得优异的成绩。

这些误区还会阻碍我们热爱数学。

如果你和大多数人一样，那么你会对最后这句话持怀疑态度。热爱？几年前，我试图说服一群有影响力的政策制定者，让他们相信我们可以设定一个目标——帮助所有孩子学习并爱上数学。我说完这些话，房间里没有人再说话，许多政策制定者显得坐立不安，交换着眼神，现场陷入令人尴尬的沉寂。终于，有人说话了。显然，他认为我很尴尬，因此试图帮助我摆脱这种尴尬的局面：“沙琳妮，让我们帮助他们享受数学、学习数学吧。他们不会爱上数学的，算了吧。”

但孩子们会爱上数学的。解答一道数学题应该会让人心情愉悦，就像吃了一块巧克力曲奇或打出一个本垒打。从神经科学的角度来看，我们知道确实如此。科学家通过磁共振成像发现，在解决难题后，人类的大脑会像7月4日①的夜空一样亮起来。[1]这些顿悟时刻的感受无与伦比，本应该经常出现在数学学习的过程中。但事实并非如此。我们的数学教育体系让数学学习变成了一种令人厌恶的经历，而且让我们相信数学本就让人厌恶。这些想法导致数学焦虑症成了许多人的亲身经历。

- 根据迈阿密-戴德县公立学区的研究，93%的美国人有不同程度的数学焦虑症。[2]
- 在美国《教育周刊》研究中心对美国教师的一项调查中，67%的教师表示数学焦虑症是他们的学生面临的一个挑战，25%的教师报告说自己有数学焦虑症。[3]
- 经济合作与发展组织发现，30%的高中生在做数学题时感到“无助”。[4]
- 认知心理学家马克·H. 阿什克拉夫特指出：“有严重数学焦虑

① 7月4日是美国独立日。——译者注

症的人会回避数学。他们会回避中学和大学的数学选修课，回避对数学有较高要求的大学专业，回避涉及数学的职业道路。”[5]

- 一项研究显示，一些对数学高度焦虑的学生为了速度而牺牲准确性，尤其是当他们在考试中遇到难题时。[6]人们认为，这些焦虑的学生急于尽快完成测试，就是因为考试会让人感受到压力，他们想快点儿结束。

新兴的认知和神经科学研究发现，数学焦虑症不仅是对成绩差的一种反应——事实上，在有数学焦虑症的学生中，4/5 的人的数学成绩是中到高等水平。[7]更确切地说，数学焦虑症与害怕失败相关的大脑区域的高度活跃有关，而这种高度活跃在数学任务开始前（而不是完成任务的过程中）就开始了。如此一来，我们自然体会不到数学的乐趣，但是我们学会了害怕数学，甚至在我们开始解题之前，数学焦虑症就已经压倒我们了。

阅读会让人同样焦虑吗？很少会出现这种情况，因为在阅读上，人们没有陷入像数学那样的误区。心理学中有句格言：说出来，然后驯服它。如果你能意识到是什么导致了你的问题，并找出它，你就能更好地处理它的负面影响。虽然我们称其为“数学焦虑症”，但我们做的工作还不足以解释它、理解它，并最终驯服它。这是接下来几章内容的目的。

你对数学课上遇到的事情感到厌烦、恐惧或无聊并没有错，但你遇到的那些并不是数学。

第 1 章

速度陷阱：快不等于好

回想一下小学的数学课。大多数美国人都对限时乘法测验记忆犹新。

每周开展的这些测试要求你反复练习 1~12 的乘法，可能会让你倍感压力。它们把数学变成了到达终点前的冲刺。即使你学得很好，当面对一页乘法题时，你可能仍然会感到心跳加快，甚至恶心想吐。

请不要误解我的意思。对数学学习的一些关键部分，速度很重要，但速度并不代表一切。“速度是学好数学的决定性特征”这个误区扼杀了爱上数学的一切机会。

速度的价值

事实上，孩子们要想学好数学，不必追求速度最快。遗憾的是，对速度的价值，我们有一段从重视不够转向过度重视的历史。我将在本章后面的内容中详细介绍这段历史。考虑到现代数字化设备的计算能力，这种过分重视尤显荒谬。你可能听说过有人坚称智能手机比帮助宇航员登陆月球的大型计算机还要强大。这是一个保守的说法。一部现在已经过时的 iPhone 6 苹果手机可以同时引导 1.2 亿艘阿波罗计划时代的宇宙飞船登陆月球。[1] 我们手中的普通设备拥有惊人的计算速度。

我们其实已经在依赖计算速度提供的基本服务了，如电力和电信基础设施。为我们带来了谷歌搜索的网页排名（PageRank）算法展示了机器快速完成数学计算的颠覆性力量。使用生成式人工智能（如ChatGPT聊天机器人程序）带来的不可思议的体验，主要依赖于数学模型和计算能力的突破。我们不再需要人类做快速计算。然而，我们确实需要有人慢慢地、有条不紊地、创造性地考虑如何使用快速计算能力来解决困难和有趣的问题。

请想一想建筑方式的演变。在人类历史的绝大部分时间里，我们依靠自身和动物的蛮力建造建筑。埃及的大金字塔和中国的长城等工程奇迹，都是在没有电机的情况下建造的。在工业革命之前，如果你是建筑项目的负责人，你会尽可能雇用最强壮的人，也许还会训练役畜来协助你。今天，我们依靠起重机、推土机等重型机械来建造摩天大楼，而且不需要聘请肌肉发达的人来操作它们。相反，你应该雇用能熟练使用起重机的人。

重视速度带来了另一个重大问题：它有可能降低严谨性。达特茅斯学院现任校长西恩·贝洛克主要的研究方向是人类的表现，特别是当人类未发挥出自己的潜力时的表现。贝洛克在《纽约时报》畅销书《窒息》中分享了她的发现：在解决更复杂的数学问题时，老练的学生的解题速度比新手慢，为的是防止在时间压力下产生恐慌和窒息感。

在一项研究中，物理学研究生、教授和完成了一门物理课的本科生，同时被要求在时间压力下解决物理问题。[2] 题目很难，但学过那门课程的本科生也可以解决。研究人员认为，研究生和教授完成任务的速度和准确性会高于本科生，但结果让他们大吃一惊。研究生和教授的准确性确实很高，但解决问题花费的时间更长。具体来说，他们花费了更长的时间后才开始动手解题。研究生并没有恐慌，而是认识到草率行事可能会让他们走上错误的方向，导致徒劳无功。正是因为研究生和教授在解决具有物理背景的复杂数学问题上经验丰富，所以他们会反复阅读提示，放慢速度，斟酌从哪里开始及如何开始。他们在计算速度上追回了一些时间，但是完成任务的速度仍然比本科生慢。本科生则经常在匆忙中误解题意，导致得出错误答案。在解题时，知道什么时候慢下来是一个优势。

我在旁听Zearn Math的软件工程师努力解决棘手问题时，从来没有听到或看到有人像三年级学生快速背诵乘法表那样大声说出他们脑海中闪现的第一个想法。相反，他们会花一些时间讨论问题的各个方面，把复杂的问题用更简单的图形表现出来（例如，在白板上用图描述问题）。他们经常使用计算机做计算，但是他们也会通过分析问题、向其他工程师征求意见，以及测试各种可能的方案得出最终答案。计算机的快速计算能力很有用，但这只是解决问题的一个环节。

如果过分重视速度，可能就会或多或少地降低我们解决问题的能力。著名的心理学家、儿童数学学习研究专家吉姆·施蒂格勒研究了学生花时间解决难题的意愿差异。[3] 在一项研究中，他和研究人员给一年级学生出了一道很难的数学题。美国学生平均用时不到30秒就放弃了；而日本的一年级学生（他们的数学考试成绩通常好于美国一年级学生）为了解题，苦思冥想了一个多小时。

解放工作记忆

教育科学研究院（IES）是美国教育部的一个部门，也是一个备受尊敬的教学效果仲裁机构。在综合了数千项研究成果后，该部门认为，为了支持学生学习数学，特别是支持那些学习数学有困难的学生，“经常开展限时活动来提高熟练度”[4]是至关重要的。你可能要问，难道三年级的限时乘法测验不属于“限时活动”吗？是的，它们属于“限时活动”。

进一步研究教育科学研究院的结论，我们就会发现一个关于速度和数学的重要事实。如果你可以不假思索地完成部分解题过程，在解答给定问题时就可以节省一些脑力。换句话说，如果你不需要考虑每一步的计算，而是具备有效的计算方法，或者不用思考就知道很多计算结果，你就可以把更多的脑力用于学习新的数学知识或解决你面前的挑战。重复的限时活动是培养熟练度所需要的，因此也是数学学习的重要组成部分。

然而，如果孩子们经历的都是限时活动，就会失去做数学题的创造力和乐趣（甚至是严谨性）。让我们想象一个只练习音阶的钢琴学生。一般来说，即便是在初学阶段，钢琴学生也会接触一些旋律，以便他们能用所学的技巧演奏出有意义的东西。如果只练习音阶，你可能会很好地掌握音阶，但你会感觉钢琴练习和钢琴演奏本身枯燥而机械，你的钢琴演奏水平可能也不会有长足进步。

理解做数学题的速度或熟练度的重要性的另一个方法是将大脑和计算机做比较。购买计算机时，你需要决定购买多大的RAM（随机存取存储器）——RAM决定了计算机可以同时运行的程序数量。RAM和我们所说的人脑工作记忆有相似之处。在没有现代科学工具的19世纪90年代，美国哲学家威廉·詹姆斯对大脑的工作原理做了推测，并得出与后来的科学发现非常接近的结果。[5]他认为，大脑通过初级记忆和次级记忆发挥记忆功能，初级记忆持续几秒钟，将信息保存在我们的意识中，而次级记忆具有长期保持的性质，可以根据需要进入意识。詹姆斯的初级记忆就是我们现在所说的工作记忆。[6]

从那时起，神经科学家和心理学家就开始深入研究记忆的运作原理。通常，次级记忆分为两种类型——外显记忆和程序性记忆。大脑的不同部分与记忆的不同部分相关联。20 世纪 50 年代有一个著名的故事：一个名叫H. M. 的人，他的医生为了让他少受一些癫痫发作的痛苦，切除了他的一部分大脑。[7]手术导致了一种奇怪的健忘症：H. M. 可以与人对话并完成需要工作记忆的任务，但到了第二天，他就会忘记谈话的内容，也认不出见过的人。他的次级记忆受到了损伤，但并非全部消失。如果他在手术前见过你，那么他仍然知道你是谁。他只是不能储存新的外显记忆，比如名字或事实，但没有失去旧的外显记忆。此外，在手术前后，H. M. 都能建立新的程序性记忆，比如弹钢琴的指法、乘法表的内容或者投掷橄榄球的手法。简单来说，程序性记忆就是某个事情你知道怎么做，但你不能解释如何学会做这件事的。它就像是无意识的，因为非常熟练，所以你会觉得自然而然。但是，H. M.无法建立新的外显记忆，比如记住人名或地名。

从学前班到小学，美国的教育系统都致力于培养孩子们的工作记忆、外显记忆和程序性记忆。学前班的孩子的一天从井然有序的例行程序开始：把物品挂到小柜子里；洗手；把姓名牌翻过来，让老师知道你已经到校了；和老师打招呼，然后按照上午的环形队形坐好。每天上午都是如此。等孩子们的工作记忆掌握了这些一度难以掌握的多步指令后，这些任务就被转移到程序性记忆中。

当然，有时工作记忆会不起作用。例如你走进储物间找东西，但不记得要找什么（尽管不想承认，但我经常出现这种情况）；或者你的电脑宕机了，重启之后，你和电脑都要想一想之前在干什么。

在做家庭作业或试卷中的数学题时，学生们似乎知道一些零散的东西，但是不能将它们整合起来，这可能是他们的工作记忆超载了，超载也会导致宕机。为了简化预代数方程，七年级的学生可能需要计算 6×7，再计算 $17 - 9$。尽管这些都是核心问题的附属任务，但学生还是需要完成这些计算。如果为了得到答案 42 和 8 占用了学生太多的工作记忆，而且学生的RAM都在使用中，那么这个学生可能会感觉自己像是被困在封闭的空间里，茫然无措，会记不起方程简化到哪里了。

如果这个学生通过使用限时活动这种学习策略，提高了乘法和减法计算的熟练度，这些事实就会存储在他的程序性记忆中，回忆起这些事实就不那么费力了。程序性记忆会为学生的大脑解决这个问题留存足够的空间，工作记忆会被解放出来，让学生可以专注于需要解答的问题或参与新的数学学习。

这就是为什么提高对某些数学事实和步骤的熟练程度至关重要。速度很重要，只是它并不代表一切。

整合复杂性

整合复杂性是一个有助于理解“是”和“不是”的术语。它的意思是，即使两件事看起来是对立的（悖论的定义），它们也有可能同时为真。整合复杂性很重要，因为它提醒我们要警惕将事实过于简单化。例如，能否学好数学完全取决于速度，或者反过来，速度与能否学好数学无关或对其有害。在讨论看待问题应多方权衡而不是采用非黑即白的思维方式的重要性时，许多人会提到整合复杂性这一概念。在本书的第一部分中，我都将依靠整合复杂性揭穿我们遇到的误区。

虽然我不是詹姆斯·韦布空间望远镜（JWST）发射和运行方面的专家，但我知道，这一壮举有助于我们理解整合复杂性。[8] JWST拍摄的第一批照片中，有一张是船底座星云的“宇宙悬崖”，非常漂亮，我的一个儿子把这张照片设置成了他电子设备的背景图片。JWST是美国航空航天局（NASA）、欧洲航天局（ESA）和加拿大航天局（CSA）共同努力的结果，是人类在数学和科学领域引以为豪的成就。

JWST有4个主要目标：（1）寻找大爆炸后宇宙中形成的第一批恒星和星系发出的光，（2）研究星系的形成和演化，（3）了解恒星和行星的形成，（4）研究行星系统和生命的起源。

那么，JWST怎么能找到大爆炸后第一批恒星和星系发出的光呢？宇宙大爆炸大约发生在138亿年前，所以要想实现以上目标，就需要观看遥远的过去。没错，这有点儿像时间旅行。光传播需要时间，例如太阳光到达地球需要 8 分钟多一点儿。这意味着当你欣赏日落时，你看到的是 8 分钟前的太阳。

同样，JWST 观测的也是很久以前朝地球发射过来的光，目的是看到大爆炸后 2.5 亿年的宇宙是什么样子。

数以百计来自多个国家的科学家、数学家、工程师和技术人员携手，凭借有条不紊的工作（大多缓慢）和高超的数学水平（有时很快）创造了这个奇迹。关于JWST的第一次讨论始于 1996 年，然后研究人员在 1999 年开始了两项概念研究。由于JWST是建立在 1999 年还不存在的技术基础上的，它的构思和创造需要创新，所以启动了这两项概念研究。在计划开始时，人们不确定JWST这类大型空间望远镜能否建造得足够轻，使其可以被发射到太空中。NASA 没有让一个团队来解决这个挑战，而是让两个团队开展研究。

22 年后的 2021 年 12 月，在经历了 10 年的建造、组装后，JWST 发射升空。但发射的计划工作早在 12 年前就开始了。此外，与哈勃空间望远镜不同的是，JWST 将在远离地球的地方绕太阳运行，无法修复。计划过程面临着很多数学问题。

尽管有这种时间跨度很长的事例，但我们仍然经常认为，在数学领域，速度是学好数学的决定性因素。我们把自己绕进去了，以为起始速度决定了谁应该学数学。我们也很少费心去告诉学生，追求速度的重要目的是建立熟练度，而不是比谁完成简单计算的速度最快。也许很多人都看过太多讲述数学天才以闪电般的速度解决复杂问题的电影。误区一直存在，它是从哪里来的呢？

通常，我们不会从整合复杂性的角度讨论数学教育，也不会在必要的速度和熟练度与更具创造性和合作性的较慢方法之间取得平衡。但两者本应兼而有之，而不是非此即彼。这个问题可以追溯到“数学战争”，这个词出现在20世纪90年代，但这场“战争”在学校里已经打了至少50年。[9]在写这本书的时候，我很紧张，因为数学战争可能会卷土重来。对此，我们所有人都应该忧心忡忡，因为唯一的受害者是学生。

数学战争更像是第一次世界大战，而不是第二次世界大战。第二次世界大战是好人与坏人、国际反法西斯同盟与轴心国的较量。而描述第一次世界大战就困难得多。常见的解释是，一系列条约造成了“多米诺骨牌”效应，使多个大洲陷入战争。第一个多米诺骨牌倒下是因为一位大公被暗杀。战争结束时，有3 000多万人伤亡。与“一战”类似，数学战争也很复杂，没有容易识别的好人和坏人。事实上，许多教育工作者或STEM①工作者（比如我的软件工程师和技术专家团队）往往不清楚数学战争是关于什么的，涉及的问题也随着政治潮流起伏不定。此外，数学战争还会随着社交媒体名人吸睛的言论和派系的风云变幻而发生演变。与速度和数学有关的战争很简单：一方过分重视速度，另一方则对速度重视不足。

相关研究并没有公布在速度之战中谁是赢家。问题是，双方都不愿意接受研究提议的整合复杂性并取得适当的平衡。两大阵营都

---

① STEM指科学（Science）、技术（Technology）、工程（Engineering）和数学（Mathematics）。——译者注

没有采取务实的方法，而是在纯粹的思想意识上争论不休，导致学生成为输家。毫无疑问，对立的双方对检讨自己的想法有什么实际用处并不感兴趣。2008年，美国数学咨询委员会在最终报告中点名了交战阵营，指出："为了让学生为代数学习做好准备，课程必须同时培养概念理解、计算熟练度和解决问题的能力。争论这些数学知识谁更重要是错误的。这些能力是相互影响的，每一种能力都对掌握其他能力有促进作用。"[10] 很明显，两个阵营都没有听取美国数学咨询委员会的意见。

其他发达国家数学学生的学习成绩通常优于美国学生，这在一定程度上是因为成绩好的学生能够在两个阵营之间找到平衡。这些国家的数学教学目标是培养足够的数学事实熟练度，解放工作记忆，使学生能够解决有趣的问题，同时引导学生像老练的物理学研究生一样放慢速度，解决复杂的问题。

与大多数战争一样，数学战争也有其历史根源。虽然很少有人提及，但至关重要的是，在过于热情地偏袒某一方之前，必须明确这一方的出发点是应该还是不应该教授数学。20世纪初，约翰·杜威的门生、现代数学教学法的创始人之一威廉·赫德·克伯屈认为数学是"智力上的奢侈品"，"对日常生活所必需的思维方式有害无益"[11]。与克伯屈同时代的戴维·斯内登（哥伦比亚大学教育学院教授，后来担任马萨诸塞州教育委员会委员）称代数"对90%的男孩和99%的女孩来说，是一门几乎毫无价值的非功能性学科"[12]。不管数学战争中的对手是否意识到，他们的一些观点最初是由生活在另一个世纪和另一个世界的人提出的，那些人反对精英之外的人接受高等数学教育。

加利福尼亚大学伯克利分校的艾伦·H. 舍恩菲尔德教授记录了100 多年来人们对学习数学的看法所发生的拉锯式变化，以及由此导致的教学内容和教学方式的变化。例如，由于早期的反数学联盟影响了政策和教学，选修代数的学生比例从 1909 年的 57% 急剧下降到1955 年的不足 25%。[13]

在第二次世界大战期间，支持数学与反对数学的两个阵营最初的结盟破裂了。政治领导人注意到军队新兵在接受簿记和射击训练时，需要基本的数学能力。随后，在 20 世纪 50 年代的冷战期间，出现了一次全面的数学恐慌，这场恐慌让全社会开始关注数学概念的学习，并再次推动了高等数学的发展。在此期间，代数重新进入了高中课程，而微积分更是第一次被纳入高中课程。从那以后，每隔 20~30 年（20 世纪 70 年代和 90 年代，也许还有 21 世纪 20 年代），数学战争就会打响（希望不会再次发生）。

尽管两个阵营都不认为数学对“99% 的女孩”来说毫无价值，但是对现实世界，尤其是现实世界 STEM 领域中的人来说，他们的立场往往是奇怪和难以理解的。例如，每次数学战争中都会出现的一场战斗是“步骤熟练度”与“概念理解”之间的争论。“步骤熟练度”的意思是，当被问到 43×9 等于多少时，你知道如何做乘法运算。通俗地说，乘法运算就是把数字堆叠起来，然后进位得到乘积。

概念理解是指你知道需要做什么。如果我问你 43×9 的乘积是比 430 大还是比 430 小，以及你是如何得出结论的，你可能会说："比 430 小，因为 $43 \times 10 = 430$，所以 43×9 的乘积正好比 430 小 43，即 387。"这就是概念理解。

关于数学的这种争论就好像英语老师在争论是会读"步骤"和"概念"这些词重要，还是知道这些词的意思重要。或者，就像医生在争论是为你的心脏保证氧气和血液供应重要，还是为你的大脑保证氧气和血液供应重要。显然，两者都重要。将对数学、阅读或生存来说都至关重要的两个部分相互对立起来是毫无意义的。数学老师、家长、开创小型公司的创业者及幼儿园里的孩子都知道，你既需要知道如何做数学题，也需要知道你所做的数学题是什么意思。

影响（通常是负面影响）了几乎所有数学认同的速度误区就源于这种混乱。要么是我们没有花足够的时间安排限时活动来保证我们学习高级数学的能力，要么是我们参加了太多限时测试，以致我们对数学深恶痛绝。我们很少听到有人说数学战争并非出于恶意，但是知道这一点很关键。这些数学战争大多源于混乱的思想意识，在过去 100 年里，它决定了教育的发展。

几年前，一位名叫希拉的数学老师邀请我去加利福尼亚北部的几所小学参观。我们用一整天的时间走访了数十间教室，现场观摩了数学教学。那些授课老师及希拉的努力和奉献让我肃然起敬。

在一天的教学观摩结束后，我们来到教师休息室，找了一张桌子坐下。希拉打开电脑，调出一个电子表格，然后静静地坐在那里。我试图弄清楚她屏幕上显示出的表格的内容。那是一组图表，似乎显示了数百名学生回答所有乘法事实所需的时间。我不知道她向我展示这些信息的目的是什么。

于是我说："谢谢你分享这些数据。需要我做什么吗？"

希拉告诉我，她好不容易才收集到这些数据。她说，他们想方设法地帮助孩子记住这些数学事实，包括使用歌曲、卡片和有奖竞赛等。然而，尽管付出这么多努力，结果却不尽如人意。数据表明，在被问到 6×6 或者 9×9 等于多少时，很多孩子可以在 3~4 秒内准确地给出答案。她想知道，他们还能做些什么来帮助这些孩子在 2 秒内说出答案。

我停顿了一下，然后问她："这很重要吗？"

希拉没有听明白我的问题。为了澄清我的意思，我更加具体地问道："为什么要把学生回答 9×9 等于多少的用时从 3~4 秒减少至 2 秒，这很重要吗？"

她看着我，好像我问她为什么认为地球是圆的一样。"就应该这样啊！"她说，"他们必须能不假思索地说出这些数学事实，才能在未来的数学学习中取得成功。不假思索意味着在 2 秒甚至更短的时间内回忆起来。就应该这样！"

我问她是否有研究证明，不假思索地回忆起数学事实的阈值应该是 2 秒而不是 3 秒，甚至 5 秒。她答不上来。后来，我做了一些调查，看看是否有因果研究能够证明在 3 秒还是 2 秒内回想起数学事实对现实生活很重要，但一无所获。

希拉是一位敬业且有才华的教育工作者，她找到了为数十个班级和数百名学生提供教学服务的方法。然而，她的真诚却被“速度决定一切”这个错误的前提引入了歧途。她深信能不假思索地回忆起所有乘法事实是学生在未来取得成功的关键，而不假思索意味着在 2 秒或更短时间内说出这些事实。她把速度误区发挥到了极致。

也许你和我一样，因为在早期数学教育中经历了没完没了的限时测试，导致无法在规定的时间内完成数学测试。老师说：“时间到。”而你还有一些题目没做。当听到老师说把笔放下时，你因为题目还没做完而心慌意乱。又因为没能按时完成，所以你得了低分。

由于这次“失败”，你可能学到了一些教训：

1. 如果我不能在 1 分钟内得出问题的答案，那就不值得付出努力。别人可以在 1 分钟内解决这个问题，所以这个问题适合他们，而不适合我。

2. 我在数学方面肯定很笨，不应该继续学这些东西，因为我太慢了。

3. 不可能像培养其他学科能力或者像在体育运动中培养身体能力那样培养数学和推理能力；如果你做数学题的速度很慢，那就没有做数学题的意义了。

4. 决定成功的因素是记住一些武断的规则和事实，而不是推理或批判性思维。

所有这些错误结论都会导致数学焦虑症和厌恶数学，会让我们停止尝试，于是这变成了一个自证预言——我们越相信自己数学不好，就越逃避数学，数学水平就越差。

我知道限时测试和速度具有情境价值。我们在Zearn Math上就使用了限时策略，因为通过平台的测试和用户的学习数据表明，限时测试和速度对学生很重要。除了需要提高熟练度，每天上课的时间也是固定的，如果没有限时测试和严格的截止时间，学生可能永远也完不成任何任务。我也知道快速工作的能力可以让人及时把该做的事情做完——打字快的人比打字慢的人有优势，企业中的工作任务和报纸发行有严格的截止时间，科学家必须争分夺秒地研制疫苗。

但是，如果把速度设为主要目标，很多孩子就会被排除在外，永远也不会发展出至关重要的职业技能，无论他们最终从事什么职业。

我们需要牢记下面这些与速度误区相悖的现实：

1. 数学是生活中为数不多的没有武断规则、需要记忆的东西相对较少的领域之一。从许多方面看，它是一个开放的系统，鼓励思考和探索。

2. 与普遍看法相反，数学是一项团队运动。解决难题的方法是缓慢的合作，而不是个人尽可能快地完成自己的工作。

3. 数学的核心就是推理或批判性思维。这需要时间，尤其是当我们处理大问题的时候。它需要我们鼓起勇气，冷静下来，把问题分解成几个小问题，逐一解决后再把它们重新整合起来，得出正确的解决方案。

4. 数学可能很难，而难的事情需要时间。但是难并不意味着不可能、任务繁重或产生焦虑。像许多值得做的事情一样，数学需要我们付出努力。

研究表明，接受困难并乐于迎难而上是一种有利于学习数学、攀岩或获得任何有价值技能的心态。速度误区制造出了另一种现实，让我们认为，因为我们没有与生俱来的神奇速度，所以我们应该彻底避开数学（或者尽量少花心思）。我们从没有想过我们应该提升速度，尽管这可能很困难。阅读莎士比亚的作品很困难，学习瑜伽很困难，演奏乐器也很困难，但几乎每个人都可以克服这些困难，并从中获得极大的乐趣和益处。

记住上述内容有助于避免固定型思维模式，而固定型思维模式会导致我们认为数学极其困难、无聊，还会导致焦虑。研究表明，学生对完成特定学术任务的能力有两种看法。[14] 第一种看法是增进倾向的：学生相信自己的能力是可塑的，付出努力就会提高能力。第二种看法是实体倾向的：学生认为能力是固定的，付出努力也无法提高能力。

实体倾向的看法会让速度不如同龄人的学生认为自己数学不好，而且这种看法永远不会改变。持有增进倾向看法的学生则认为，即使很难做完试题，或者解不出答案，他们也能通过练习提升自己。我将在第二部分的内容中探讨这种更加乐观和现实的倾向性。这种倾向有助于孩子们取得成功，无论他们解决问题需要花费多少时间。

第 2 章

技巧不是万能的

记住技巧对魔术师或行骗者是有用的，但对那些希望学习数学和爱上数学的人用处不大。对许多学生来说，数学教学似乎就是技巧教学，比如 $3 \times 0 = 0$，$8 \times 0 = 0$，$N \times 0 = 0$。你有没有想过为什么一个数乘以 0 等于 0？不用操心，记住它就行了。（稍后我会详细解释实际原因。）

虽然技巧可能会让你取得好成绩，但从广义上讲，你并没有学好数学。你不会特别喜欢做数学题，也不会将你的数感转化为解决现实问题的能力。在教学或脑科学领域，我们将这种转化称为“迁移”，即在新情境中应用学习成果的能力。依赖死记硬背和技巧会使你丧失充分利用数学知识解决问题的能力。

就像速度误区一样，在探讨技巧误区时，整合复杂性同样很重要。与死记硬背不同，只要你理解运算法则和解题步骤，它们就是必要的，也是有用的。这些是我们用来做数学题的工具，但它们并不是数学的全部。

以运算法则为例。首先，什么是运算法则？在我们讨论能够根据你的想象生成图像或熟练撰写五段式论文的人工智能之前，让我们先从基础知识开始。运算法则是指帮助我们解决特定问题或完成计算的一系列规则或指令。制作杏仁酱香蕉三明治的具体步骤就是运算法则。而运算法则的试金石是，遵循这些步骤，你就肯定能做出杏仁酱香蕉三明治。

通常，在二年级教授的加法法则就是运算法则，而且你很可能每天都在使用它。也许你今天就在一张纸的角落里潦草地写下了一个加法法则。假设你要计算 128 + 437，你的第一步可能是将数字叠放在一起，在下面画一条线，然后从右到左开始加，并向下一个数位进 1。这些数字相加的步骤是一个运算法则，通常被称为“标准加法法则”。

与技巧不同，运算法则非常棒，因为它们总是能起作用，能为我们提供值得信赖的帮助。没有运算法则，我们就无法解决比较难的问题。我们应该使用运算法则，但也应该将其视为工具和起点，同时发展更好的新方法，甚至是更好的运算法则。机器学习算法和生成式人工智能领域正在做这些事情，令人惊叹、有趣，有时也令人恐惧。在数学领域，如果你不理解运算法则，就会限制你的学习进度。例如，如果学生没有真正理解加法法则的原理，那么当他们使用减法法则时，往往就会遇到困难，例如 308 – 271 等于多少？

了解技巧记忆的局限性有一个好方法，那就是认识到有些时候它对我们没有帮助。

你不可能通过死记硬背增强直觉

数学学习误区造成的伤害往往是微妙的，难以察觉。显而易见，死记硬背和公式会把数学变成枯燥、机械的过程——这个后果已经够糟糕了，但它还经常产生三种我们意识不到的破坏性影响。

常识减弱

我知道 10 个 20 人班级的学生总数比 6 个 20 人班级的学生总数多，而且我不需要完成下面这个算式就知道。

$$(10)(20)-(6)(20)=$$

我根本不需要计算！

相反，我可以依靠常识（或者直觉，如果你更喜欢这个说法的话）得出这个结论。不用考虑每个班级的学生人数，因为所有班级的人数都相同，而 10 个班级比 6 个班级多。如果我们优先使用记忆规则或步骤而不是推理，就不能利用这项与生俱来的能力去解决问题。

计算能力是天生的，我们应该相信自己拥有这项能力，就像我们拥有学习语言的能力一样。[1] 正如我在序章提到的，科学家已经证明，婴幼儿在早期就表现并发展出了计算能力，几天大的婴儿就能区分 2 和 3；鸟类及黑猩猩和其他灵长类动物也有天生的计算能力。然而，我们不能认为这种自然本能是理所当然的。要么使用它，要么失去它——我们需要经常使用我们的数感，否则这种心智能力会衰退。

缺乏创造力、好奇心和自由发挥的空间

创造力要求我们乐于尝试，要有足够的勇气去尝试新的或不同的东西。敢于冒险和创新的人可能会失败，但无论如何他们都会尝试。依赖于记忆的指令会阻止孩子冒险，阻止他们找到解决问题的方法，导致他们相信有且只有一种方法可以解决这个问题。如此一来，在许多数学突破中发挥重要作用的创造性火花或永不满足的好奇心就此熄灭，因为好奇心需要提出问题和可以探索的开放空间。创造力和好奇心也经常存在于可以自由发挥的空间中。自由发挥是开放式和探索性的。你无法通过背诵你根本不懂的步骤来自由发挥。

但解决问题也可以是自由发挥，我想告诉各位的是，只有自由发挥，我们才能取得突破。

缺乏观察力

请看下面这道数学题，思考一下如何解决。

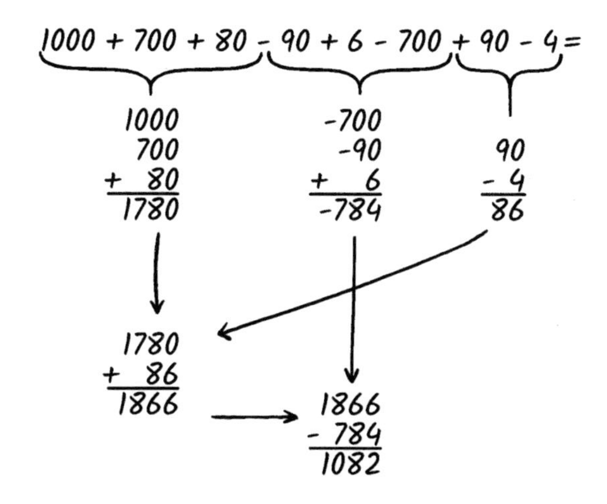

如果不假思索地提笔就做，我可能会采取上面这些步骤。我需要完成大约 5 次计算，加上检查，就是 10 次计算。因为这些计算是相互依赖的，导致我在解这道题的时候很紧张，希望自己没有在一开始就算错，导致一错到底。

然而，如果你能仔细观察，而且具备一些常识，就能找到一个更好的办法来解这道题。

$$1000 + 700 + 80 - 90 + 6 - 700 + 90 - 4 =$$
$$1000 + \cancel{700} + 80 - \cancel{90} + 6 - \cancel{700} + \cancel{90} - 4 =$$
$$1000 + 80 + 6 - 4 =$$
$$1082$$

正如你看到的，别着急动笔，全面透彻地考虑问题是关键。我们无须严格按照数字的顺序计算，而是可以整体考虑，把所需的解题步骤从 5 步（10 步）减少到 1 步（2 步）。而且，从这个新的角度来看，我也更加确信得出的结果是正确的。

几年前，高中数学教师本·奥林在《大西洋月刊》上发表了一篇题为《死记硬背阻碍学习》的文章。这篇文章立刻成了我的最爱，因为奥林用幽默而发人深省的方式指出了死记硬背的问题。他首先描述了他教的第一堂高中三角学课。他问学生："sin π/2 是多少？"

全班同学的回答都是 1，并说去年学过。

让我直接引用奥林的文章吧，因为它完美地揭示了其中的问题："……其实他们不知道sin是什么意思，只是记住了事实。对他们来说，数学不是一个逻辑发现和深思熟虑的探索过程，而是一种一呼一应的游戏。三角学只是史上最差的合唱吟唱出的不押韵的歌词。"[2] 学习任何学科时，仅记忆一些事实和规则会阻碍你真正地理解和享受其中的乐趣。我们需要拓宽视野，看到公式与其他概念之间的联系。

死记硬背的另一个问题是我们会忘记。你还记得黑斯廷斯战役的日期吗？记得比利时在世界地图上的位置吗？记得美国第 11 任总统是谁吗？为了通过考试，你必须记住诸如此类的事实。考试结束后，你的大脑很快就会把它们从意识中抹去。但如果我们先理解这些事实，持久记住它们的可能性就会高得多。

这被称为"组块化"或"一致性记忆构建"。例如，记忆一组相关的物品（多种颜色）比记忆一组不相关的物品（咖啡桌上的物品）容易。我们的大脑会自动利用组块和模式为记忆搭建支架。事实上，神经科学家已经通过脑部扫描图像证明，大脑在形成一致性记忆（紫色、黄色、绿色、青色）和形成不一致性记忆（漫画小说、计算器、充电器、乐高积木、杂志、硬币）时的工作方式是不同的。

不仅是大脑的工作方式不同，一致性记忆的效果也更好。人类更擅长形成一致性记忆。[3] 如果我们学习的新东西与我们已经理解的东西联系在一起，或者如果我们能把学到的东西归类整理成一个已经理解的组块，而不是随机的列表，就能更容易地记住并应用这些新知识。

零乘法则

理解会为大脑增添各种可能性，它会让我们深入了解事物的运作方式，是促进深入学习的催化剂。

为什么任何数乘 0 都等于 0 呢？我喜欢问高级数学专业人员这个问题，包括教授、科技领袖、工程师等。他们通常会思考一会儿，然后说："嗯，这是惯例。数学中有一些惯例。"像我们大多数人一样，他们接受了这个规则，却不理解它。

我也有过盲目接受的行为，甚至在我从大学和研究生院毕业、在分析岗位上处理过庞大数据之后仍然如此。但最终，我理解了零乘法则，其中的道理让我大吃一惊。我很高兴自己理解了这个法则，并且迫不及待地想与大家分享。

让我们把乘法想象成一盘盘饼干。3×1 意味着我有 3 盘饼干，每盘只有 1 块饼干，总共有 3 块饼干。而 3×3 意味着我仍然有 3 盘饼干，但每盘有 3 块饼干，总共有 9 块饼干。下图是一些新鲜出炉的巧克力饼干。（有时候，我会通过和双胞胎儿子一起烘焙饼干来解释这个概念。其实，帮助大家学习和热爱数学才是我们烘焙饼干的原因。）

这就是乘法的直观含义。上述例子所表达的意思是：第一个数字表示组数（盘子数），第二个数字表示物品数（饼干数）。现在，我们用盘子和饼干来解释 3×0。3 表示有 3 盘饼干。每个盘里有多少块饼干呢？0 块。所以，3 个盘子里总共有 0 块饼干，而不是 3 块或 9 块热气腾腾的饼干。结果就是没有饼干！

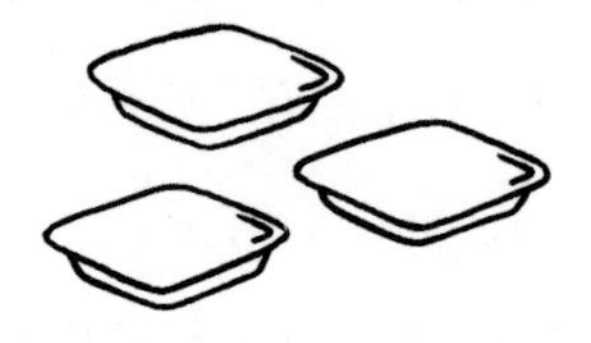

经过这样的理解，你就不再需要依赖死记硬背的规则了。相反，想象一下没有饼干的空盘子，就能理解任何数乘 0 总是等于 0 的原

因了。这些直观教具可以减少依赖规则所带来的压力和时间黑洞。更重要的是，理解其中的原因能够建立信任。如果你知道某个规则为什么是正确的，那么你最终会明白，数学中的一切都是有原因的。当你相信数学是有道理的，你就可以自由探索和自由发挥，然后发现规则的边界。一旦你知道规则在公理层面上的真实原因，就能领略到数学的美。

接下来，让我们用同样的方法，思考一下负数的加减法。

$$-5 + -5 = ?$$
$$-5 + 5 = ?$$

你还记得学习负数时死记硬背的那些武断的规则吗？虽然我遇到的每个人几乎都能把零乘法则背下来，但并不是每个人都能记住正数和负数运算的那些规则。如果你还没有被灌输这些规则，那么你应该感到庆幸。我交谈过的大多数人都是被迫学习并遵守这些他们并不理解的规则。

整数的符号	运算	答案的符号
⊕ + ⊕	加法	⊕
⊖ + ⊖	加法	⊖
⊕ + ⊖	减法	较大整数的符号
⊖ + ⊕	减法	较大整数的符号

如果是两个负号，就会变成正号。我记得我非常厌恶学习这些规则。加法曾是我熟悉的事物，甚至是我的一项能力，怎么突然就需要借助一张图表呢？我清楚地记得自己是怎么想的："如果两个负

号会变成正号，为什么不一开始就用正号呢，这些人疯了吗？”我还觉得自己会被负数打败，除非我能把这张图表文到身上。

我觉得这些规则对未来的数学学习至关重要，但我不确定自己该如何记住它们。它们有逻辑可循吗？还是只是一些武断的规则？

11岁那年的一天，我正在做数学作业，父亲从我的身边经过，注意到我的沮丧。我当时正在自言自语，也许还把铅笔掰成了两截。父亲看出我虽然在解题，但是并没有真的理解。我有一张打印好的负数规则表，我正试图按照表中的规则做题，就好像它是麦片盒子里的神秘解码环[①]一样。父亲坐在我旁边，在我的笔记本上画了下面这张图。

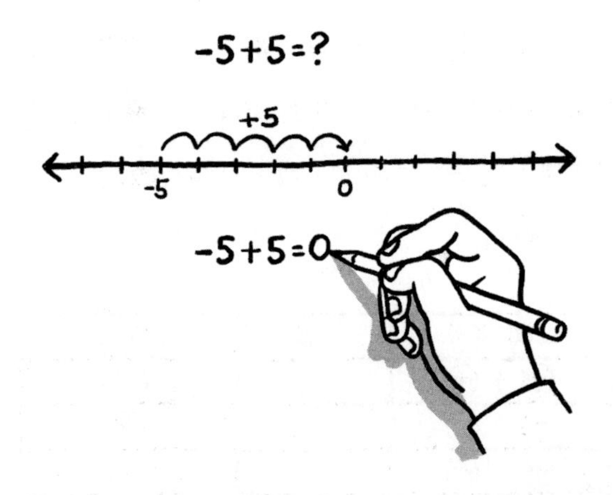

父亲对我说，正数和负数前面的符号并不是随意的，而是代表数字在数轴上的位置。如果你处于-5的位置，加5意味着你需要沿

① 神秘解码环是一种儿童玩具，通常是早餐盒中的赠品。它一般是一个可以旋转的塑料戒指，上面印有字母或符号，可以用来解码和加密信息。——编者注

着正方向移动 5 个位置，这样你就会到达 0 的位置。如果我明白了这一点，就再也不会琢磨那些令人困惑的规则了，父亲说："记住数轴就可以了。"

我想了想那些我几乎无法理解的规则，然后我明白了。–5 加–5 会让你沿着负方向移动 5 个位置，到达–10。我一下就踏上了培养数学思维的道路，对第二天交作业的担忧也烟消云散了。这一刻，我意识到还有另一种方法可以处理眼前的这些数字：当我感到困惑时，我可以努力地深入理解，而不是更努力地死记硬背。

技巧的缺陷

你学过用"领结图分析法"来计算两位数乘法或者分数加法吗，现在还记得如何使用吗？你知道为什么这个方法管用吗？

让我们来看看如何用领结图分析法计算分数加法。

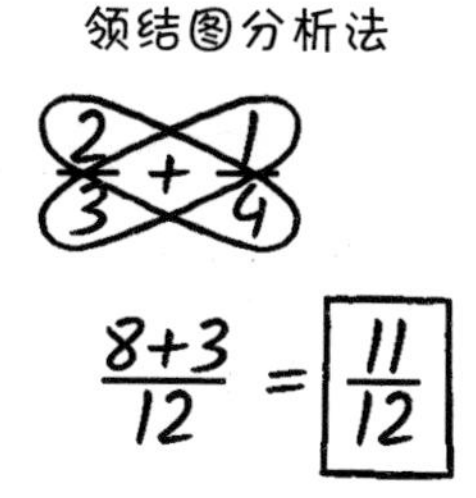

使用这个方法时，首先要画一个椭圆形来覆盖 2 和 4，然后将它们相乘得到 8，并将这个数字写在下面。重复同样的步骤，再画一个椭圆形，并将得到的 3 写在下面（这就是你的"领结"）。然后，将两个分母相乘得到 12，并将 12 写在下面，再将 8 和 3 相加。好了，答案是 11/12。很棒。但是，为什么这样算呢？如果你忘记步骤会怎么样呢？你学到的东西可以用于推理吗？或者你学到了一个可以让你打破困局的办法吗？如果是三个分数相加，而不是两个分数相加，又会怎么样呢？

$$\frac{2}{3}+\frac{1}{4}+\frac{1}{5}=?$$

现在，要在哪里画领结呢？领结会变成一团乱麻吗？

这是一个很棒的技巧，但如果你只是学会了使用这个技巧，就会错过解释它为什么有效的基本原理。例如，你知道 8/12 和 2/3 的值相等吗？你一年 12 个月中有 8 个月要上学，与一年中有 2/3 的天数要上学一样吗？了解这一事实能加深你的体会，将纸上的数字转化为切实的生活经验，就会记得更牢，而且能发挥作用。

也许你学过用“颠倒相乘法”来计算分数的除法。除以一个分数到底是什么意思？你什么时候需要除以一个分数？2除以 1/2 等于多少？

下面就是一个颠倒相乘法的例子。

$$2\div\frac{1}{2}=$$
$$\downarrow$$
$$2\times\frac{2}{1}=$$
$$\downarrow$$
$$2\times 2=4$$

颠倒相乘法远没有领结图分析法那么让人焦虑。即使有第三个除数，算式变得更长，它仍然适用，因为你可以继续颠倒、相乘。

这是一个建立在坚实基础之上的运算法则，而不是像领结图分析法那样只在某些条件下适用。

然而，这个运算法则同样需要与理解相结合。当你用加法法则（传统的方法是将数字堆叠起来）加整数，比如 38+75 时，你知道最后得到的和会更大。这是因为你理解了两个数相加会得到更大的数的逻辑。

现在，请你想一想：2 除以 1/2，得到的数会比 2 大还是比 2 小，为什么？你有强烈的直觉吗？你能讲一个故事来解释你的答案吗？对 38+75，你可以给出这样的故事：幼儿园有 38 名学生，一年级和二年级有 75 名学生，求 K–2 阶段一共有多少学生？你可以用各种各样的故事来阐明原理。

你能想出一个把某物除以分数的故事吗？例如，如果你有 2 块饼干，你把它们切成两半（除以 1/2），你会有多少块饼干？现实生活中，在什么情况下你会以这种方式切饼干呢？也许是在有 4 个朋友来做客，但你只有 2 块饼干，每个人都想尝尝的情况下。如果把 2 除以 1/2，你会得到足够的饼干来招待朋友吗？答案是肯定的。

这个例子有助于揭示除法的实际含义。正如你知道两个正数相加，和会更大一样，用一个数除以一个分数，你也会得到一个更大的数。你有 2 块饼干，你把它们分成两半，你就有 4 块饼干可以招待朋友。

数学技巧最令人害怕的地方是它们并不总是奏效。而数学本身的有效性是可以信赖的：$2 + 2$ 总是等于 4；如果工程师的计算正确，那么当你开车从桥上驶过时，桥不会坍塌。

你可能学过一条并不总是奏效的指导原则：做乘法运算时，数字会变大，而做除法运算时，数字会变小。这通常被当作公理，但它并不总是可靠。问题在于，这条指导原则仅在你接触正整数乘除法的三年级时适用。到了四年级和五年级，用小数做乘法运算时，结果有时会变大，有时会变小。到了中学，你又开始学习负数，这个技巧同样不适用。

一方面，究其本质，技巧有可能具有欺骗性。它们似乎奏效，于是我们开始依赖它们，随后它们却辜负了我们的信任。莱斯利大学数学成就中心主任希拉里·克赖斯伯格博士说：

> 令我感到匪夷所思的是，竟然有人将“技巧”一词与“学习”相提并论，尤其是在看过其诸多释义之后。技巧的一种释义是“错误的观念”，另一种释义为“容易失败”。正因如此，数学教学必须停止教授孩子们技巧。这些技巧一旦“无效”，便容易失败，还会造成总是有效的错误认知。

另一方面，数学原理和公理就像太阳每天早晨升起一样可靠，但我们却把它们藏了起来。也许我们认为原理和公理对孩子来说太难理解，对老师来说太难教授；也许我们认为这是一种奢侈或浪费时间的行为。但无论原因是什么，我们都必须开始教授公理，而不是技巧。

记住，我信奉的是整合复杂性——将“为什么”与运算法则结合起来才能产生真正的价值。还要认识到，并非所有的技巧都是可取的。我们可以信赖的技巧是运算法则，它们不会失效。你无法信赖的技巧呈现的数学实际上根本不是数学，它们会破坏积极的数学认同，有时会造成永久性破坏。回顾之前我分享的具体例子，我想说，这是很严重的事情。往坏里说，依赖技巧会导致无法理解数学；往好里说，它会阻碍我们尽情享受数学的乐趣。

运算法则与搅拌机

由于初中数学的含糊其词，再加上机器学习的兴起，曾经只是令人困惑的运算法则现在似乎变得完全无法理解了。虽然我们可能无法理解每个运算法则是如何构建的，但这并不意味着我们可以不努力学习如何使用它们，以及如何避免使用它们。运算法则就像你厨房里的搅拌机，是经常使用的便利工具。运算法则也是我们共同的历史。

“运算法则”一词源于 8 世纪生活在花剌子模王国（今属乌兹别克斯坦）的一位学者。algorithm是这位学者姓氏的拉丁化，他的全名是穆罕默德 · 伊本 · 穆萨 · 花剌子米。[4] 花剌子米是一位天文学家、地理学家和数学家，著有《印度算术法》。在这本书中，花剌子米详细阐述了他在7世纪的印度传奇数学家、天文学家婆罗摩笈多的著作中发现的系统。

这些著作展示了一个令人惊叹且实用的系统，它可以利用1、2、3、4、5、6、7、8、9、0和小数点代表地球上的任何数字。在该系统出现之前，人们用各种方式表示数字，但没有一种方式像该系统一样便于计算。其中我们最熟悉的就是仍在特殊场合（比如标记书籍章节、装饰建筑物或记录超级碗比赛）使用的罗马数字系统。

从12世纪开始，用这些符号表示地球上所有数字的系统就已经普及开来了。数学中没有巴别塔，我们都能理解彼此的意思。这是一个巧妙的结构，它不是技巧，总能发挥作用。在其他领域，不同的语言和独特的书写系统会在族群间制造隔阂。在数学中，我们可以在地球上的任何地方用同样的方式写下数字4，表示要4杯水。这一惯例已经延续了近千年，为亿万人所接受。

这种结构为纯粹数学创造了便利条件。花剌子米不仅热爱纯粹数学，还看到了它对所有人（包括商人、店主）都具有实际应用价值。他的书大受欢迎（用现在的话说，就是病毒式传播），很快，整个伊斯兰世界都采用这种系统。尽管我们只是简单地把其称为“数字”，但历史学家称其为“印度-阿拉伯数字”。12世纪，花剌子米的书被翻译成拉丁文后，欧洲也接纳了这一系统。花剌子米因此名声大振，成了运算法则的代名词。

正如我之前所说，我喜欢把运算法则想象成一台可靠的搅拌机。

我不知道如何制造它，就算你把构成搅拌机所需的那几十个部件提供给我，我也无法将它们组装成可以运转的机器。但我知道如何操作搅拌机，我知道碎冰设置。即使是一台我不熟悉的搅拌机，如果我想碎冰，我也知道要不断调高功率设置直到达到目的。我是通过试验和摆弄学会操作的。我不害怕搅拌机，不会觉得搅拌机让我感到无能为力，我也没有死记硬背搅拌机的使用手册。

我发现，面对我不理解的数学知识或技术时，以下比喻很有用。如果我在计算 38+75 时得到的答案是 43，我立刻就知道算错了，因为 43 比其中一个加数（75）小。究其原因，是匆忙之中，我只加了 5，忘记加 70 了。学数学时，我们需要对“为什么”有足够的理解，以便预估答案，并根据直觉发现离谱的错误。

为了打破“数学就是记忆技巧”的误区，我们必须深入研究运算法则，特别是要了解如何使用和如何避免使用它们。我们必须将不可靠的技巧与可靠的运算法则区分开来。在探讨这个误区时，同样要记住整合复杂性的原理。是的，数学家依赖于运算法则、记忆和其他捷径，但他们还发展和深化了自己的数学思维。数学思维就是研究一个问题，然后用一些规则或公理来推理解决问题。这个过程应该很有趣，就像破解难题一样。数学思维还让我们始终保持对相关数学知识的直觉。如果没有这种理解和直觉，我们就只是在机械地计算，与计算机一般无二，无法从中获得满足和乐趣。而且我们可能还没有计算机那么准确，因为我们不理解甚至无法察觉我们的错误。

第 3 章

一题多解的乐趣

如果数学教学让学生认为一道题只有一个正确的解决方法，就会让学生自以为是在解决问题，但实际上，学生只是在“寻求答案”。这种情况屡见不鲜，最让我恼火的是看到中小学生用这种方式做应用题。请看以下这个典型的初中问题：商店以 18 美元的价格出售 6 袋弹珠，每袋弹珠的价格是多少？（A store is selling 6 bags of marbles for $18. What is the unit price for a bag of marbles?）

看到这个问题，我就能想象出一个孩子抬头看着我，问道：“of是指要用乘法吗？”在我观摩的数学课中，这个场景经常出现。

这道题目里并没有秘密代码。of可能表明要用乘法，也可能没有这个意思。如果引导孩子们用“单一方法”（如寻找关键词）做应用题，他们就会问出这样一些事与愿违的问题。在以上案例中，学生会直接计算 6 × 18。如果你问学生为什么每袋弹珠的价格是 108 美元，比 6 袋弹珠的总价还要贵得多，他们就会疑惑地看着你。这就是典型的“寻求答案”的做法。

解决问题是一种独特的认知体验。我们应该问：题目告诉了我们什么？我们不能盲目地遵循一套既定的步骤，解决这个问题乃至所有问题的方法是理解题目的含义。这也意味着会有很多路径通向答案，我对题意的理解可能与你的理解大不相同。

我的建议是首先在脑海中制作一部电影。我来说说我的电影。我会想象一家商店，再想象我的面前有一只装了一袋袋弹珠的箱子。箱子上有一个标牌，上面写着“6 袋 18 美元”。看着箱子，我发现我的钱只够买一袋弹珠，或者坦白地说，我只想买一袋弹珠。我需要向收银员提出什么问题呢？我把 18 美元除以 6，问是否可以用 3 美元买一袋弹珠（one bag of marbles）？所以，从故事里的这个问题可以看出，of 与数学没有任何关系，只说明袋子里的东西是弹珠。

后者才是数学的真正意义，但数学学习可能会让人感觉像是不断收紧的钳子。数学给人的感觉就是我们必须严格遵循其中的精确步骤，谁会在脑海中制作电影？理解和按部就班地得出答案有什么关系？

在寻求答案的环境中，我们遵循规定的步骤并得到答案，但我们经常不理解这些步骤。最重要的是，我们不知道自己是否在正确的轨道上。认为我们不需要直觉的隐含信念危害极大。最终，我们会陷入数学模仿的境地——完全按照别人说的去做，把数学变成无须动脑筋的乏味练习。

但数学并不是无须动脑筋的乏味练习，至少不应如此。解题是具有挑战性、令人着迷和能够获得满足感的活动，需要创造性。遗憾的是，我们中很少有人有这样的数学体验，因为在学习数学时，我们相信掌握某种方法就能解决所有问题。

正确方法其实是错误的

当我们被教导可以将按部就班的单一过程作为解决数学问题的真正方法时，我们的解题思路就被堵死了。如果解题能力被闲置不用，几年后我们至少会失去部分能力。这些技能需要持续的练习来保持它们的敏锐性，而一直依赖别人的“完全正确”的方法会让它们变得迟钝。这种依赖也会阻碍勇气的培养——我们需要抓住机会去解决问题，始终使用单一的方法会阻止我们试错的冒险行为。

我们可以用多种方法来解题。事实上，尝试不同的方法既有趣又富有启发性，而且是在解题遇到困难时（此时要解决的通常是最有价值的问题）必不可少的尝试。编写软件代码或建造桥梁的工程师会有意识地用多种方法来解决问题，即使已经有一个解决方案摆在他们面前。为什么不直接解决问题，然后继续下一步的工作呢？

首先，如果你深入思考并找到多种解决方案，就可以确定哪一种方案更便宜、更耐久或者更简洁——总之，找出对你最重要的结果。其次（可能也是更重要的一点），当问题难以解决，前方的道路不明确时，你需要做好尝试一切方法的准备。而“尝试一切方法”的第一步是停下来，从各个角度研究问题，或者至少要增加一些之前看不到的视角。

当然，在现实世界中我们常常出于绝望而求助于从新的角度看待问题。“尝试一切方法”是我们的座右铭。在新冠疫情期间，作为一个有一对双胞胎小学生的双职工家庭的成员，我经常被迫尝试一切方法来解决工作、社交距离协议、断断续续的网课教学及有限的儿童照管服务等问题。我永远不会忘记我儿子在防止全家人感染新冠病毒时展现出的解决问题的能力。

在奥密克戎毒株肆虐期间的一个早晨，我丈夫的检测结果呈阳性。双胞胎中习惯早起、当天和我丈夫同时起床的那一个在惊慌之余，立即采取了行动。我当时急着处理工作上的事情，我们的另一个儿子要完成一项重要的作业。在紧张思索之后，我们习惯早起的儿子迅速把他的爸爸（也就是我的丈夫）赶出公寓，并向爸爸保证，他会把爸爸在接下来10天隔离期间所需要的一切东西放到门厅。我和另一个儿子迷迷糊糊地加入了解决问题的行列。我们在屋子里跑来跑去，收拾我丈夫的东西，然后扔到前门；我赶紧上网为他找一个住的地方。这一切既有趣又有效。那天，我们三个人都没有感染新冠病毒。解决问题的真正方法是动态的、包容性的，就像那个疯狂的早晨一样。想想密室逃脱（或者想象一下在现实生活中遭遇困境）的感觉。为了逃出去，你希望队友能够团结起来，集思广益，形成合作的协同效应。

当你愿意接受多种方法时，答案可能就会从意想不到的方向出现。关于突破性地解决问题，当属古希腊科学家兼数学家阿基米德的故事。公元前300年，阿基米德赤身裸体地在叙拉古的街道上奔跑，大喊："我找到了！"[1]事情的起因是叙拉古国王让阿基米德检查他让金匠制作的王冠是否包含他交给金匠的全部黄金。王冠的形状很奇怪，所以阿基米德无法将它放到天平上称重，也无法用同样大小的纯金物品作为参考，以确保它不是镀金的银制品。如果阿基米德的检查结果错了，国王可能会杀了他。

阿基米德苦思冥想了几天，也无法解决这个问题。他愿意尝试任何方法。后来，阿基米德在坐进浴缸洗澡时，注意到水位上升了，排出的水与他不规则形状的身体的体积相等。阿基米德想知道是否可以根据排水量来了解一个物体的精确信息。他检查了等质量的金和银，发现银会排出更多的水，因为它的密度比金低。现在，阿基米德可以判断王冠是不是纯金的了：如果它排出的水量与纯金条相同，那制作王冠的工匠就没有在其中掺银。

为了揭露"单一正确方法"是一个假象，我们需要了解寻求答案与解决问题带来的结果。我们被深深影响了，相信寻求答案是正确的做法，而且大多数人都接受了多年的以寻求答案为导向的数学课程，因此没有意识到它带给我们的负面影响。

以下是我们在以寻求答案为导向的环境中的常见反应。

- 大脑一片空白。一时之间，我们没有任何想法，因为创造性地使用大脑是不被允许的。
- 遇到数学难题后，纠结如何开始解题或者是否要开始解题。
- 在尝试解题之前就会产生挫败感。
- 心跳加速，焦躁不安。试图回想起老师是怎么在黑板上做这道题的，她的第一步什么？
- 消极的自我反馈。在一瞬间，我们会有一个初步的想法，这是关于如何着手解决挑战性数学题的一种本能。但因为我们已经习惯于以一种且只有一种方式寻求答案，所以一旦我们觉得自己的理解比老师教的更加深刻，我们就会自责，然后再次回到标准步骤。
- 不愿与他人讨论问题。我们会不好意思提出问题，认为他人都是“正确方式”的追随者。这种不愿让他人参与的态度会阻碍我们发挥创造性与合作性。

以寻求答案为导向的教育体系的首要影响是让学生丧失能力。最近，我与一些孩子和成年人讨论了他们对这种数学学习的感受。他们的反馈如下：

“我想用小数，但老师要我用分数，也没说原因，我只能照办。我们不能按照自己的想法做数学题，即使对我来说，我的方法更容易。没有人在意我有什么想法。”

“我清楚地记得在中学的一次数学考试中，我被狠狠地教育了一番。虽然我得出了正确答案，但我是用自己的方式解题的。那时我还是一个十几岁的孩子，所以我非常愤怒。现在，我已经是成年人了，回想起来，我认为它就像打网球。如果你训练我是为了让我学习或提高一项新技术，比如反手截击，我就能理解为什么必须采用某种特定方法。但如果你没有任何理由就要求我该怎么做，那我一想到这件事就会生气。”

解决问题的方法则会让人产生截然不同的反应——感觉自己有了某种能力和勇气。可能的话，学校应该以解决问题，而不是把“单一正确方法”的误区作为数学教学的驱动原则。不过，要实现这一理想，我们需要对解决问题有全面的理解。

找钥匙与文思枯竭

在深入探讨数学领域的解决问题法之前，让我们先从找车钥匙开始，用一些日常生活中的例子来突出解决问题法的一些一般原则。

早上起床，你准备开车送孩子上学，然后去上班。这时，你突然发现找不到车钥匙了。这是一个问题，因为你不希望孩子上学迟到，而你又有一个会议必须参加。

要解决这个问题，你可以使用一些探索技巧。一开始，这些技巧可能会导致错误的线索和“死胡同”。注意，这些错误的线索和“死胡同”并不是错的或不好的，而是我们期望用于解决找钥匙问题的方法。我们可以使用“回溯行动轨迹”的方法，它有两种方式。

第一种方式是闭上眼睛，试着回忆钥匙在你身上时，你所在的确切位置。你的思路大概是这样的：“我昨天晚上走进公寓时穿的是什么？蓝色雨衣。天在下雨。对了，我还拿着一些杂物和雨伞。地面湿滑，进门厅的那段路很难走。难怪我忘记钥匙放哪儿了。钥匙不在我平常放它们的抽屉里，也不在我的钱包里，但也许在我的雨衣口袋里。难道是在购物袋里？它们在我挂伞的那个架子上吗？”

第二种方式是，你沿着原路折回，在家里四处走动寻找钥匙。为了提高效率，你需要将心理上的重走路线与你的身体行为结合起来。走到家门口后，你打开门，试着按时间顺序移动。当你在房子里走动时，你看上去可能像在表演哑剧，但具体的动作和经历会帮助你认真回忆前一天发生的事情。你看到自己把杂物放下，脱掉湿漉漉的靴子，把外套挂好，把伞挂好。蓦地，你在架子上找到了钥匙，就在伞的旁边。

解决问题的方法有很多种，取决于个人偏好或你面临的具体挑战。有的人可能会寻求帮助，问家人是否看见自己把钥匙放在哪里了。有的人可能会花很多时间，去散步之前做伸展运动和其他运动的房间里寻找，因为她怀疑钥匙可能在做运动时从口袋里掉出来了。还有的人可能会用纸笔列出之前丢钥匙和其他物品的地方，并集中精力在这些地方寻找。

关键在于，解决问题需要试验和创造力，而且可能因人而异。没有什么正确的方法，但有各种各样可能产生积极结果的技巧。

再举一个例子。这一次，让我们看看文思枯竭的情况。我的每个家庭成员都经历过文思枯竭，都有自己的应对方式。我的双胞胎儿子，一个会生我们其他人的气；另一个会产生挫败感，哀叹自己没有有趣的想法。我的应对方式是吃零食。

脑科学研究提出了另一种方法：放松，降低风险，释放自己。如果你被一个特别棘手的难题困住了，可以考虑休息一下，在大自然中散步、冥想，或者从事让大脑放松、让思绪信马由缰的其他活动。[2] 对我的家庭来说，一个行之有效的方法是从任何可行的地方着手。当我们写作文或一本书（例如我）的时候，我们经常不知道第一个字、第一个句子或第一个段落该如何写。我们不会浪费时间和精力思考如何开头，而是先写下随机产生的想法，例如一堆无法组织成句子的相关词语、总结段落，或者我们能想到的任何东西。任何能让你开始写作的元素都可以。

写作没有“单一正确方法”。有的人写作时听音乐，有的人听到音乐声就无法厘清思路。有的人喜欢在人声嘈杂的咖啡馆里写作；

有的人则像修道士一样，喜欢安静和独处。我们必须找到适合自己的方式。可以使用“从任何可行的地方着手”这样的技巧，但我们需要在这个大框架下找到对自己来说有效的方法，无论是把自由联想的词语写到纸上，还是更有条理的方法。

当初中阶段的孩子们遇到写作困难时，老师通常会鼓励他们，建议一些方法来帮助他们克服障碍。我们的学习方法是包容的，每个人都能找到克服障碍的方法，学会写作。

但我们的数学教学具有排斥性。我们会让一些孩子退出。如果他们有一道题不会做，我们就认为他们所有的题都不会做，还会安慰他们说：“没关系，你只是不擅长数学。”他们仍然需要学习数学，但他们被直接或间接地告知，他们只需要通过考试，没有人指望他们喜欢或学好数学。

20 世纪 90 年代，麻省理工学院的教授姆里甘卡·苏尔发现，人类大脑的一半专注于视觉。[3] 同样是脑与认知科学教授的戴维·尼尔断言：“20 世纪 50 年代的科学家聚在一起讨论人工智能时，他们认为教计算机下棋是非常困难的，但教计算机识别物体很容易。”[4] 事实证明，我们可以教计算机打败国际象棋大师，而与表面看起来相反，教计算机识别物体的难度很大，因为视觉是一个非常复杂又特别关键的过程。

在解决数学问题时，我们的方法必须与大脑的工作方式一致，即把问题直观化。无论是找钥匙、克服写作障碍，还是做有难度的学校作业，我们都会本能地希望以某种方式解决问题。但是，如果我们认为某个僵化的、抽象的过程是唯一的方法，直觉就会遭到破坏。在学习数学时保持和增强我们的直觉需要使用可视化技术，比如在我们的大脑中把问题展现出来。

请思考下面这道数学题。

> 将一张6英寸×6英寸[①]的纸折成四等分，每个部分的面积是多少？

如果你从一开始就绞尽脑汁，思考用什么公式，该用乘法还是除法，就有可能晕头转向。那么，第一步该做什么呢？正确的做法又是什么呢？

想一想找钥匙和克服写作障碍的方法。也许你需要把折好的纸稍作转动，从不同角度观察它。也许你可以追溯把纸折成四等分的那些步骤。也许你应该避免把注意力集中在回答问题上，转而从更容易的计算开始。

试试下面的方法：

> 拿一张纸，裁成一个正方形（或接近正方形），或者只是想象你已经这样做了。如何把它折成四等分呢？

① 1英寸=2.54厘米。——编者注

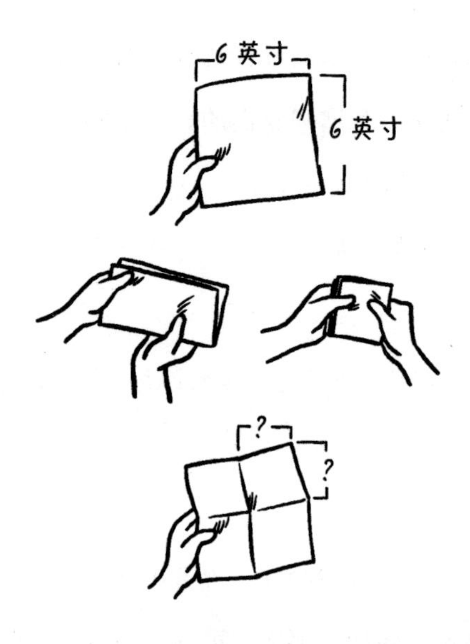

把纸折叠（也可以凭借想象），你很快就知道需要折叠两次。折好后（无论是实际操作，还是在想象中完成的），其中一个较小部分的面积是多少？如何计算呢？

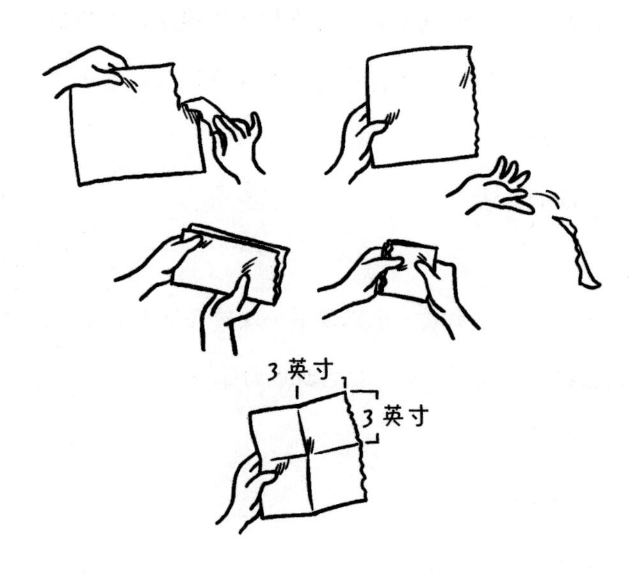

注意，小正方形的边长是 3 英寸。所以答案是 9。或者，观察发现大正方形的边长是 6 英寸。$6\times6=36$，其中一个小正方形的面积正好是大正方形面积的 1/4。$36\div4=9$。

这里没有公式，只有纯粹的人类智慧。这才是数学学习应该培养的，而不是机械地寻找正确答案的能力。

如何走出误区

一旦你知道问题到底是什么，你就知道答案是什么意思了。

——道格拉斯 · 亚当斯，《银河系漫游指南》

我们让数学成了一种施为体验，而不是一种学习体验。当老师问学生“63 + 37 等于多少”时，他把数学变成了一项个人运动。加上速度误区的影响，每个学生都会想第一个给出答案，赢得比赛。答案变成了唯一重要的东西，理解和合作都被抛到一边。

毫无疑问，可能有人会怀疑我才是失去了数学思维的人。毕竟，我们需要得到正确的答案，这样我们才知道要买多少地毯才能铺满房间，才能保证我们的探测器到达月球。这同样是一个整合复杂性问题。我们当然需要知道 52 + 48 等于多少，但如果我们只知道答案，就会错过数学带给我们的很多东西。

幸运的是，有的学习方法既能给我们精确的答案，又能带来其他好处。请再思考“63 + 37 等于多少”这个问题。如果老师这样说：“不用告诉我答案，我知道答案是 100。但你知道怎么心算 63 + 37 的结果吗？第一步该干什么？”现在，解题变成了一个过程。我有幸多次听到二年级学生回答他们的思考过程，每个反馈都让我很高兴。一个学生说：“我把它分解成 60 + 30 + 3 + 7。接着，我想那就是 93 + 7，于是我得出答案是 100。”另一个二年级学生给出了不一样的方法：“我观察之后，发现 3 + 7 = 10。这就等于是计算 60 + 30 + 10，所以答案是 100。”

这是我们生活中需要的数学，是建造桥梁所需要的数学，也是你培养数学思维的方式。数学应该作为一个合作过程来教授，就像其他学科一样。我们通常认为数学与K–8 阶段的其他科目不同，认为数学必须作为一项个人运动来教授，每个人都要争先想出正确的答案。其他科目则是作为团队运动来教授的，在这些科目的学习中，过程很重要，学生不依赖技巧，而是被鼓励携手合作，可以通过不同的方法得出答案。但是在学习数学时，协作和过程被放到了次要地位，或者被剔除了。

让数学变得有意义带来的乐趣

随机问一些高中生对数学的看法，你会得到“哦，我不擅长数学。但我认为我在其他方面很聪明”，或者“我不喜欢数学，数学也不喜欢我”的答案。

我还问过年龄更小的孩子喜欢数学的哪些方面。现在让我们比较一下他们的回答有什么不同。

一个叫布雷登（Brayden）的二年级学生告诉我："我喜欢除法。"

"太好了。"我说，"为什么呢？"

"因为除法（division）里面有个d，我的名字里也有个d。"看我笑了，他蹦蹦跳跳地跑开了。

另一个孩子告诉我："我喜欢数字 8，因为它曲线优美。"

这些答案反映了一种天真、有创造力、无所畏惧的视角——整个中学阶段都应培养的一种视角。这些孩子还没有被他们的数学作业吓倒或者羞辱。他们还没有走入数学学习的那些误区，也没有接受数学学习是一场必将失败的斗争的想法。

以下是年龄较大的孩子的两种反应，他们也还保持着低年级学生的那种活力。

"我喜欢数学，是因为只要理解了概念，就肯定能学会。数学都是有意义的，没有不合逻辑的东西。"

"求解更高级的方程时，我可以使用自己的方式。没有什么简单明了的方法，它需要创造力。创造力让你自由。"

这些孩子相信数学。对他们来说，数学是有意义的。他们认为这门学科会赋予他们能力，是学习的一个途径。我们需要帮助更多的孩子培养这种观点，我将在本书的第二部分提出一些具体的做法。

第二部分

激发数学之心

众生眼中的白昼，对智者来说是无知的黑夜；

众生眼中的黑夜，对觉醒者来说是白昼。

——《薄伽梵歌》第 2 章第 69 节

第4章

拥抱数学：建立归属感

自觉是某个群体的一员就是归属感。大多数人都觉得自己不属于数学课堂，我们已经在不知不觉中接受了这种沮丧和绝望的感受，认为它是正常的。流行文化告诉我们，数学和感情水火不容。而前沿的脑科学告诉我们，缺乏归属感会打断学习过程，降低努力表现的意愿，削弱耐力和咬牙坚持的勇气。学习数学和学习其他东西一样，犯错是学习过程的一部分。然而，在学习数学时，我们把错误看作自己不具备数学学习能力的证据，看作我们不属于数学世界的证据，而不是我们正在学习数学的证据。因此，讽刺的是，在数学世界里，我们没有前沿科学。

我们对待数学学习的态度就好像数学资源不足以保证人人有份似的，这种稀缺型思维模式导致我们忽略了归属感，大大增加了学习数学的难度。

我所说的稀缺是什么意思呢？下面讲一个有关数学新生受辱的

真实故事。我上高中的第一天，第一节课就是数学。我和很多同学一起走向教室。我稍微提前了一点儿，进教室时，我发现还有几个空座位。我拿出一本新的笔记本，环顾了一下教室。我记得当时我有点儿警觉，同时有点儿紧张。桌子排列成几乎完美的网格状，一共 4 排，每排 5 张桌子。奇怪的是，中间位置少了两张桌子。

随着越来越多的学生走进教室，少的那两张课桌就成了问题。有 20 名学生报名上课，但课桌椅只够坐 18 人。两个倒霉的家伙只能站着，我的朋友正是其中之一。我想，她肯定觉得矮人一等，肯定很难过。罗克希尔老师带着不协调的笑容，说他的课要求严格。他告诉我们，他的这门优等生数学课是我们学习 AP 微积分 BC[①] 的唯一途径。他说，我们中至少有两个人（可能更多人）要被淘汰。他的话让教室里变得鸦雀无声。接着，他走出教室，把少的那两套课桌椅搬了进来。

听了他的话，我全身都绷紧了，脑子里不停地想：他已经知道要淘汰哪两个人了吗？我是其中之一吗？那天上午，罗克希尔先生坚持说，真正有能力学习九年级数学的学生很少（稀缺！），我们中的一些人不属于他的教室。第二学期一开始，我的朋友就被淘汰了。看到她离开，我很难过。我知道这是不合理的，但直到今天，我都在想，她没找到座位的坏运气是否在某种程度上决定了她的退课。

---

① AP 微积分 BC 指美国大学先修课程（Advanced Placement）中的微积分 BC 课程，是美国高中开设的一门高级数学课，旨在让学生掌握大学水平的微积分知识。——编者注

如果数学学习资源有限，或者数学不重要，也许罗克希尔先生的做法是可以理解的。但是在当今社会，每个人都可以学好数学。全世界有数十亿有计算和阅读能力的人，还有教育技术作为教学补充手段，因此我们无须带着稀缺型思维模式来从事数学教学。

然而，我们始终保留着这种思维模式：尊重传统、傲慢和精英主义。如果有人坚持认为数学教学应该作为最有“天赋”的学生的特权，那么请考虑一下这个问题：如果没有归属感，跌得最重的反而是工作记忆最强的那些学生，以及从其拥有的原始潜能看有望成才的那些学生。[1] 因为这些人有很强的工作记忆，所以他们在解题时经常使用更复杂的方法。他们在解数学题的时候，可能会同时估算最终的答案；他们经常极为依赖心算；他们通常懒得学习捷径，因为不需要。一旦压力降临并破坏他们的工作记忆，他们更复杂的解题过程就会崩溃。所以，归属感对每个学生来说都是必要的。

这就是在高中那堂数学课的剩余时间里，以及后来多个课堂上我的心理发生的变化。我总是忍不住想自己是不是选错了课。只要在一次作业中因粗心犯了错误，都会成为决定我在 3 年后不适合学习微积分的一个高风险因素。斯坦福大学的著名心理学家克劳德·斯蒂尔将这种现象称为“不安”，指因为担心自己是否符合某种刻板印象（女孩学不好数学）而无法专注于眼下的任务（学数学）。[2] 也有人称之为“数学焦虑症”，意思是在压力之下表现不佳。还有一些人谈到了遭受这种欺辱后的生物效应——或战或逃反应：血液从大脑流出，流向你的身体，让你为逃跑做好准备。

这些解释都有一个共同的特点，即它们都表明看到数学题后感受到的压力会减弱你的工作记忆，也就是你的大脑处理信息的能力。我不想夸大明显的事实，但学数学和做数学题真的都需要工作记忆。为什么我们要积极参与会减弱工作记忆的行为呢?

我不太记得自己在学习九年级数学时，是从什么时候开始把注意力集中在学习的乐趣上的。我只记得那是在第二学期开始之后，有几名学生已经被淘汰了。我的不安感消失了，因为我觉得自己成功了。在我就读的高中，有小道消息说下一次淘汰要等到 11 年级。我涉险过关了。

平静下来后，我就爱上了那一年的数学学习。不考虑歧视一事，罗克希尔先生是一位了不起的老师，他非常努力地让每个留下来的人都能理解数学。成年后，通过阅读研究资料和研究 Zearn Math 网络应用程序的分析报告，我知道要摆脱这种受辱感或疏离感（缺失归属感），就必须有数学学习取得成功的经验。我将在接下来的章节中分享更多这方面的内容。

如果初中生的数学成绩落后了，人们往往认为他们即使现在努力，也为时已晚。这个想法是不正确的。首先，学生们在 Zearn Math 平台上完成的那 140 多亿道数学题表明，学数学有困难的初中生可以后来居上，完成符合年级水平的数学题，并显著提高他们的成绩。想一想罗杰·费德勒在 12 岁时第一次拿起网球拍、米斯蒂·科普兰在 13 岁时第一次穿上芭蕾舞鞋的故事，他们在各自领域的启蒙年龄，比在这些领域取得哪怕一点点成功的最晚启蒙年龄还晚了 5~7 年。

成年人也可以学好数学，也可以加入数学学习的行列，即使童年时有过痛苦的学习数学的经历。朱莉娅·查尔德在40岁时开始学习烹饪，苏珊·柯林斯在46岁时出版了《饥饿游戏》，我们都有能力掌握关键的数学原理。这是一个渐进的过程，是一个尝试、失败、成功的重复过程。在某个时候，顿悟降临：我能做到！我也是数学小能手（数学达人）！我属于这门学科！

虽然学校无法让孩子对任何一门学科产生归属感——阅读进步较慢的学生可能永远不会爱上阅读，体育课上疲于应付的学生可能会讨厌运动，但是在数学这门学科中，归属感缺失是一个更普遍的问题。这是因为，一般来说，我们认为在其他学科取得成功的机会非常多。我们的社会为在许多学科上走弯路的人提供了从头再来的机会。我们对其他领域中大器晚成的现象习以为常，甚至根本不会注意这种现象。

我的一对双胞胎孩子一先一后开始识字，朋友和专家都安慰我说，没什么好担心的。他们说，孩子开始识字的时间有先有后，我应该保持冷静，继续读书给他们听。人们是基于富足感给出这些建议的。事实上，他们非常放松，坚信资源富足，因此他们告诉我，我担忧的问题根本不是问题。现在，我的双胞胎孩子都在上七年级，已经很难猜出识字晚的是哪一个了。

我们的社会还为孩子们提供了丰富的阅读体验。图书馆有鼓励阅读的活动，比如夏季阅读比赛。漫画小说（我小时候还没有这种读物）为学生学习阅读、体验阅读乐趣提供了通道。公共卫生部门的建议冷静而有建设性：每天花 20 分钟读书给你的孩子听。然而，当孩子们因为错误的稀缺感而在数学学习中感到被排斥时，他们很少能得到培养归属感或富足感的后续体验。此外，电影和媒体把数学上的成功描述为只有孤独的天才才能获得，而这些天才也经常被描绘成怪人。这些古怪的家伙几乎都是男性白人和男性亚洲人。这就是我们家反复观看《隐藏人物》这部电影的一个原因。一直以来，女性和有色人种尽管默默无闻，但他们也在为解决有趣的数学问题做贡献，了解这个事实具有很重要的意义。《隐藏人物》就讲述了这样一个不一样的故事。而对孩子们来说，他们听到的大多数故事都少不了某人被排除在数学世界之外这类信息。

孩子们比人们认为的更有洞察力，他们能听懂人们经常重复的那些隐晦信息：他们学不会，不具备学好数学的能力，因此，社会不会在他们身上投入资源，也不会接纳他们。在学习数学和遇到困难的时候，孩子们孤军奋战，从不寻求帮助，继而遇到更多的困难。最终，这种恶性循环变成自证预言。孩子的年龄越大，对这些信息就越敏感。在被反复告知不可能进入数学这个圈子后，他们做出了看似理性的决定：不在数学上投入时间和精力。

但是，我们可以用一种包容的方式来教授数学。这样一来，孩子就会愿意犯错误，表现出适应力，并尝试用新的方法来解决问题。我不能在此做出虚假的承诺，因为如果不能真正解决问题并得到正确的结果，就不可能产生真正的归属感。但是，就像阅读或足球一样，孩子在学习不同的数学内容时，速度也会有所不同。学习速度不同，并不是将任何人排除在外的理由。和其他领域一样，大器晚成的孩子也能成为数学小能手。

课堂教学对比

接下来，我们讨论一种典型的排他性数学教学方式，大多数人就是这样学习数学的。老师问："251 + 49 等于多少？"有两三个学生（"数学小能手"）举起了手，而你甚至还没有理解题意。只有一个问题，只有一个答案，而数学小能手们率先解决了这个问题。你的心跳得很厉害，你的大脑停止了工作；血液已经涌向双腿，你做好了逃离教室的准备，就像在大草原上面对狮子时逃跑那样。你唯一想做的就是从教室里消失。你只有一个愿望：不要点你的名字。你不属于这里。

现在，将这个场景与下面的场景做对比。老师没有提问，而是在黑板上写下这 3 个问题：

老师没有一上来就提问，而是说："先不要计算，我们稍后再求

答案。也不要举手或大声回答，我们一起看看这些算式。我们需要求 251 + 59、251 + 49、251 + 39 的和。每个人用 60 秒的时间，看看这 3 个算式，想想首先要做什么？我希望能听到 3 种答案。我对错误的答案感兴趣，因为这说明你的第一步错了，然后你会调整方向。”

培养归属感的数学课堂可能会得到下面的反应：

学生：“在看这些题目时，我没有看个位上的数字，这样我能看得更明白。因此，我看到了 250 + 50、250 + 40、250 + 30。我能心算出它们的结果，所以现在我只需要计算个位数字。”

老师：“谢谢！还有谁愿意说说？”

学生：“首先，我观察到每道题中的第二个数字每次递减 10，从 59 到 49，再到 39。”

另一个学生说：“我的做法和他们不同。我从个位开始，我看到每道题中每个数字的个位数都是 9 和 1，所以我把这三道题的个位先加起来，和是 10。然后，我把问题看作 250 + 50 + 10，250 + 40 + 10，250 + 30 + 10。这样，我就能通过心算得出答案了。”

老师：“太好了！还有人注意到这个方法吗？这个方法意味着我们可以对答案做些什么？”

另一名学生：“意味着我们可以检查三道题的答案，每道题的答案都应该比前一题小 10。”

另一个学生："我按照标准算法把 251 + 59 堆叠起来，先加个位，然后进位到十位，得到的最终答案是 310。接下来，我看到每道题目后面的加数都减小了 10，所以我没有计算后面两道题。我知道它们的答案分别是 300 和 290。"

数学应该是团队运动，但它却是被作为个人项目教授的。在第一个场景中，老师为一个乏味的加法问题设置了赢家通吃的比赛，从而创造了一个紧张的、排他性的环境。在这种情况下，速度和正确答案最重要。每个人各自为战，没有什么可学习的。喊出答案的学生本来就知道答案。一旦他们喊出答案，一切就结束了。其他人甚至还没有尝试，就已经退出了。

在第二个场景中，老师显示出她对培养每个人的数学直觉和解决问题的能力很感兴趣。因此，她要求学生分享各自的想法、策略和行不通的方法。分享其实就是在学习数字的深奥规则：251 由 200、50 和 1 组成，数字按任何顺序相加，最后的结果都是一样的。这也是元认知学习（学习如何学习），在这个过程中，别人可以用更有效、更直观的方式解决问题，而你也可以采用这些方法。你甚至可以学会询问别人是如何解决数学问题的，从而提升自己的解题能力。因此，没有人被排除在外，所有学生都获得了更多的学习机会。

传统主义者可能会支持竞争式数学教学，嘲笑合作式数学教学，认为它不切实际，不够严谨。这是因为他们下意识地认为合作式教学过于轻松，而数学学习有难度，有严格的规范。但这些发出嘲笑的人可能从来没有从事过STEM工作，没有开发过软件，也没有处理过复杂的数据。我从事过这些工作，知道这些工作就是数学在现实世界中的应用。在一个孩子们分享解题策略的课堂上，大声说出最终答案并不是你体现价值的唯一选择（事实上，它会让你不愿意提供帮助）。孩子们彼此合作，相互学习，这种经历将帮助他们在未来更好地解决问题——他们正在接受训练，为未来的工作做好准备。在未来的工作中，有条不紊地通过合作解决问题的能力是很重要的。只要应用得当，培养数学归属感的教学就会让学生潜移默化，逐渐掌握严谨的解题方法。对数学技能缺乏信心的孩子和感觉良好的孩子都可以参与这种以归属感为中心的教学，这种方法反映了现实世界的STEM环境，并可以训练孩子们在这些领域取得成功。

拥有归属感的好处

科学家通过研究，发现归属感的价值巨大，尤其是在数学方面。人们很容易把归属感视为一个美好却模糊的概念，认为它不能带来多少切实的好处。事实上，压倒性的证据表明，当人们感到属于某个群体时，就更容易出类拔萃，也更容易享受自己擅长的事情。

虽然有很多研究都证明了归属感在数学学习中的重要性，但我想分享的一项研究结果对数学的教学方式有着惊人的影响。研究的种子是在2005年播下的，当时的哈佛大学校长拉里·萨默斯表示，或者说暗示（至于他实际要表达什么意思，是有争议的）性别导致女性在STEM领域不如男生有能力，从而引发了一场舆论风暴。[3]

萨默斯和他的同事们说的是女性在大学STEM人才输送管道中参与度不够的现象。STEM人才输送管道有时会被形容为“密封不严”，意思是尽管有一些女性凭借与男性相当的分数进入了STEM领域，但后来很多人退出了。[4]

研究人员卡罗尔·德韦克、安妮塔·拉坦、凯瑟琳·古德对萨默斯的这番话做出了回应。[5]他们想知道为什么女性的参与度不够。为什么女性不想从事倚重数学的学科？能否科学地解释她们不愿意的原因？如果可以，是否可以利用科学来提高女性在STEM领域的参与度？

三人决定从顶层STEM人才输送管道的一个断点开始这项研究：与男性同行相比，进入重点大学学习数学课程的女性继续从事STEM专业和职业的比例较低。这些女性确实注册学习了数学课程，一些客观的测量数据也证明她们既擅长数学又对数学感兴趣，但更广泛的社会数据显示，她们和其他情况类似的女性一样，没有继续从事STEM领域的职业。

研究人员关注了四个问题。他们想了解这些女性对她们所在的大学是否有归属感，并希望把一般排斥感和数学排斥感区分开。研究的第一个发现是，即使个人觉得自己在一般情况下或在许多其他环境（如其他班级、俱乐部和社区）中有归属感，这种普遍的归属感也没有增强她们对数学的归属感。社会对数学的广泛描述有很强的负面作用，以至于一般归属感无法影响这个领域。数学归属感具有领域特殊性。进一步的研究甚至表明，数学归属感可能具有主题特殊性——你可能觉得自己适合学习几何，但不适合学习代数。

第二个发现是，成绩好的那些人的归属感也非常脆弱。这一发现表明，数学领域的稀缺型文化叙事是多么强大。即使是在学术和数学方面有着无可辩驳的长期成功记录的女性，也仍然在怀疑自己是否属于这个群体——她们生活中的罗克希尔先生是否为她们留了一个席位。研究人员为这些数学成绩优异的女性和男性设计了一项调查。当被问及是否同意“我觉得自己不够好”“我希望自己是隐形人”这样的说法时，数量惊人的女性给出了肯定的回答（而男性没有）。相反，女性对“即使我学得不好，我也相信老师对我的潜力有信心”普遍给出了否定的回答，而男性的回答是肯定的。

研究人员还调查了影响女性归属感的外部因素。当性别刻板印象出现（例如一个关于女性数学能力的玩笑）时，会严重影响女性对更广泛的数学领域的归属感。这种性别刻板印象之强大，以至于研究人员想知道它在女性参与精英荟萃的STEM领域这个更广泛的问题上有多大的影响力。

研究人员的调查最终发现，归属感预示着女性会在竞争最激烈的大学里继续学习数学。如果没有归属感，即使是在数学上有10多年成功记录的女性，也很容易被挤出数学圈子，让她们觉得自己不适合学数学。

这不仅仅是女性的问题。调查结果显示，虽然男性的数学课成绩更好，但他们也会有类似的被排斥感。有色人种学生可以借鉴的楷模更少，学数学时很容易感受到排斥。年轻人（尤其是青少年）也很难找到归属感。该领域的主要研究人员戴维·S. 耶格尔指出，青春期的孩子有时一天会自问多次：“我是那种有可能（也会被允许）学业有成的人吗？”[6]

我引用的这些女性研究只是冰山一角。如果进入顶尖大学、在顶尖班级占据一席之地的女性尚且因为感觉被排斥而在数学领域举步维艰，那么确信自己不属于这个领域的其他学生会有什么感受呢？

归属感从何而来？

有经验的教师和研究清楚地表明，有两种方式可以帮助孩子建立数学归属感。我们可能不会用研究术语思考问题，但我们仍然有相同的想法。

1. 培养成长型思维模式（告诉孩子，成功是建立在努力学习和良好策略之上的，而不仅仅是由天赋的上下限决定的）。

2. 减弱刻板印象的威胁（要意识到我们的文化在“谁擅长数学”这个问题上传递给我们的微妙信息和明确信息）。

让我们从成长型思维模式说起。[7] 这是卡罗尔·德韦克博士提出的一个概念。她将成长型思维模式定义为相信可以通过努力、良好策略和他人的反馈来发展自己的才能的一种个人意识，这与她所说的固定型思维模式正好相反。固定型思维模式认为每个人的天赋是与生俱来的。拥有成长型思维模式的人往往比拥有固定型思维模式的人更容易取得成就，这在很大程度上是因为拥有成长型思维模式的人会把更多的精力投入学习中，而不仅仅是依靠自己的天赋。

如果父母和老师鼓励孩子培养成长型思维模式，让他们努力学习数学，培养自我效能感，多提问题，他们就会有所体会，觉得自己可能真的适合学数学。接下来，我将通过分享我的亲身经历来说明归属感是如何建立的。

在我的大部分人生里，我对很多事情都秉持着固定型思维模式，尽管我没有意识到这一点。在接近高中毕业和大学刚开始的那段时间里，我对那些无须努力的天才羡慕不已。我身边的朋友都在吹嘘自己做任何事情都毫不费力，包括课程学习、课外活动、穿搭。“那篇论文我没花多少力气就完成了。”“我居然得了A，太让我吃惊了。”“我是如何在领导可持续食品倡议俱乐部的同时完成课业的？其实很简单，没有什么好说的。”“我一觉醒来，这套衣服就整整齐齐放在那儿了。”

与我的社交圈里的其他人不同，我做每件事都不轻松，这让我感到很尴尬。在我看来，我的努力并不是自律和毅力的表现，而是能力有限的标志。我甚至记得我曾为此自我安慰：“没关系，沙琳妮，你只是不聪明，做任何事情都不是那么有天赋，而别人是天才。但是，你很努力。这不是什么好事，但是你只能如此。”

正如德韦克博士指出的，如果你能培养一种成长型思维模式，世界就会改变。我不是在夸大其词，世界就是在变化。白昼会变成黑夜，黑夜会变成白昼。

在大学的后半段，以及毕业后进入贝恩公司工作的那段时间里，我很幸运，身边的良师益友帮助我培养了一种成长型思维模式。我的一位朋友自称“工人”。起初，我为他感到尴尬，但后来我开始钦佩他。不久，我结识了一些“工人”朋友；我找到了我的部落。现在，当我看到美丽的历史建筑或观看壮观的宝莱坞舞蹈场景时，我都会对参与者长时间的辛勤工作和投入深感敬畏，正是因为有这些辛勤工作和投入，我才得以见证卓越的作品。我非常感谢那些努力工作的人，是他们让我看到了最终的成果。我在这些作品中没有看到无须费力的天才，而是因为参与者的汗水、毅力和决心而肃然起敬。我觉得坚持令人敬畏。

我并不是说成长型思维模式是解决归属感的灵丹妙药，也不是说任何人都有永久的成长型思维模式。德韦克博士明确指出，我们都是成长型和固定型思维模式的混合体，但家长和老师可以通过培养成长型思维模式，帮助孩子们融入数学学习。

如何培养成长型思维模式呢？第一个建议是表扬某人付出的努力而不是取得的结果或他的能力，但德韦克博士明确表示，仅仅说“很努力”是不够的。如果一个孩子数学考试不及格，你对他说“很努力”，孩子可能理解成“尝试一下也好，但这不是你能做到的”，或者更糟的是，他会理解成“别多想了，你就不适合学数学”。

相反，如果学生在数学考试中搞砸了，更好的做法是对他说：“好吧，让我们反思一下。你有什么体会吗？有什么不明白的地方？下次我们能做些什么改变呢？”由于粗心的计算错误而在考试中被扣分可能会引发自主学习。学生在下一次做题时的速度可能会慢一些，或者会在做完后检查一遍。但如果学生对基本知识理解错误，或者根本不理解基础知识，那么学习就应该从错误的地方开始。对这个学生来说，下一步教学应该是尝试新的策略和理解数学。

因此，成长型思维模式的重点不在于结果，也不在于一般性的努力，而在于应对特定挑战的过程，并帮助选择应对挑战的策略——这就是学习过程本身的意义。成长型思维模式的回应会含蓄地传递这样的信息：“你肯定能做到。是的，确实很难，但我相信你，我会支持你。”

第二个关于创造归属感环境的建议是减弱刻板印象的威胁。克劳德·斯蒂尔发现，如果人们在面对数学挑战前被提醒身为女性或黑人的刻板印象，他们的表现就会变差。为什么呢？因为他们被提醒是数学学习的圈外人，被提醒不适合学数学。[8] 即使白人男性在被提醒数学不如亚洲男性后，他们的成绩也会下降。没有任何群体可以不受影响。

刻板印象的威胁就像一心多用。九年级时，当我知道老师要将一些学生从优等生班淘汰时，我以为他会淘汰所有女生，尽管他从未表露出这个倾向。当时的我已经很清楚在数学和科学方面女性不如男性的刻板印象。当我努力完成家庭作业时，我的脑海里回响着社区里一些成年人说的话："啊，她喜欢数学？"他们的语气中带着明显的质疑。

斯蒂尔指出，经历过刻板印象威胁的人无法专心地应对面前的数学挑战。和我有类似遭遇的学生需要同时面对两项或更多的任务，需要努力不让自己符合刻板印象，因此无法专注于面前的任务。我们很多人都会产生应激反应，这会损害大脑前额叶皮质的处理能力，进而导致表现不佳。

面对这种情况，干预的方法也很简单。

1. 减少会引发刻板印象的提示。例如，在七年级的数学课上，让女生和男生组队对抗就不是一个好主意，因为它会让学生记起并效仿关于女性和STEM的普遍刻板印象。

2. 对所有学生都有很高的期望，让他们知道你相信他们。这是消除不安的最有效的方法。上六年级时，我的数学老师告诉我，我和男孩一样聪明。他传递给我的确实是这个意思，不过使用的是他自己的过时方式。看到我成绩糟糕，疲于应付，他没有怜悯我，也没有降低对我的期望。他鼓励我尽最大的努力，并告诉我他相信我。

3. 提供代表人物和榜样。研究表明，让成年人和孩子看到与他们相关的成功案例非常重要，因为这会暗示他们也有可能成功。

最近10年，为了建立和完善Zearn Math平台，我观摩过数千堂数学课。在撰写本书时，学生用户已经在我们这个学习平台上完成了140多亿道K–8阶段的数学题。根据所有这些经验和数据，我对谁适合走进数学课堂，为什么适合，以及我们能做些什么来帮助每个学生进入数学课堂的问题做了深入的思考。

我们都应该有归属感。我对此特别敏感，因为我经常觉得自己是一个局外人。我从小在美国纽约州的布法罗市长大，是移民家庭的孩子。去印度时，我清楚地意识到自己也不属于那里。因为深有体会，所以如果一个孩子或成年人感觉自己像一个局外人，我就会敏锐地察觉。虽然他们什么也没说，但他们的肢体语言传递出了清晰的信息。如果你能花点儿时间包容他们，让他们知道自己属于这里，他们就会更自在，不会因为身处某个特定环境而紧张。

归属感需要不断培养。随着我们深入新的话题，以及其他环境因素发生变化，学生们可能会感到他们的归属感在减少。归属感就像一座花园，需要我们一直精心打理。

以下是一些关于培养（但不纵容）归属感的建议。

1. 增加测试的频率，降低测试的风险，可以考虑小测验。数学课上的一个常见做法是先给学生做一个高风险的诊断性测试，但这些测试的价值值得怀疑。例如，对很多这类考试来说，同一个学生在不同日期参加相同的考试，会得到不同的分数。学生知道这类考试的目的是要让他们分出优劣。我们发现，如果学生频繁接受测试，而且测试结果不会让他们感受到太多的压力（如每周安排多次小测验），只是让他们知道哪些地方需要引起注意，那么所有学生都能取得更好的学习效果，有更高的参与度。

2. 从友好的问题开始，例如“题目要求我们做什么”或者“关于这个问题，我们知道什么信息”。学生需要在一开始就感到自己是被数学学习者群体欢迎的。正如长辈常说的：第一印象很重要。学习者根据他们在一年、一个学习单元和一天的教学刚开始时的情况，就能知道他们是否适合继续学。我们已经知道，一旦有线索提示教学是包容性的或者排斥性的，学生立刻就会捕捉到这些信息。

3. 通过集中支持帮助学生从挫折中恢复过来。当学生学习遇到困难或经历挫折（所有的孩子都不可能幸免）时，他们需要老师、父母甚至同伴付出额外的时间和精力，积极参与，让他们感到自己没有出局，他们可以学习，也可以做困难的事情。

归属感是什么样子的？

在工作和旅途中，我询问过一些人在数学学习中的经历。许多人都不愿意讨论这个问题，谁愿意回顾近似于折磨的教育经历呢？少数成年人在小时候就觉得很有归属感，并且顺利学完了数学课（通常是白人男性或亚洲男性），但他们对同学的经历一无所知：“等等，沙琳妮，你是说有人在上数学课时感觉自己是局外人，这是真的吗？”我疑惑地回答：“嗯，是的，是真的。”

下面有三个例子可以说明数学中的归属感，这三人都是执着求索并在历尽艰辛后才找到了归属感。

数学老师、美国数学教学思想领袖（白人男性，视障人士）

“第一个说我适合学数学的人是我四年级的老师。她经常把我叫到一边，让我额外做一些难题。为了让她满意，我就做了。那年夏天，她给我布置了一大堆数学题，我全做了。起初，我是为了让她高兴，但随着时间的推移，我开始享受数学本身。她引导我进入了数学世界，这真的难能可贵，因为我小时候被诊断出眼睛患有一种罕见的退行性病变。几乎所有人都对我和我的父母说，因为眼睛的问题，我的学习成绩肯定不会很好。尽管我有残疾，但在被引导进入数学世界后，我学到了截然相反的东西。我发现，如果我努力学习，而且方法得当，我就有可能成为一名优秀的学习者。这改变了我的生活。”

医生（亚洲女性）

“小时候，我在学数学时经常遇到困难，然后我就会陷入自言自语的消极循环，接着就会放弃。这对我的数学和所有科目的学习都造成了影响。我的七年级老师的一席话改变了我的人生。她热切地看着我说：‘你能克服这些困难。’她告诉我，教室里的每个人都在跟困难做斗争。现在，我已经成为一名医生和研究人员。即便如此，当我茫然无措时，当我害怕挑战或缺乏归属感时，老师的声音就会在我脑海中响起。我会对自己说：‘我能克服这些困难。这里的每个人都在跟困难做斗争。’”

成功的企业家（黑人女性）

“做第一个总是很难。特立独行的人是孤独的。不管别人是否主动欺负你，特立独行的人只会觉得被欺负、被孤立了。我在高中数学优等生班和许多高级课程中就有这种感受。实际上，直到毕业后，看到一些老板和导师是黑人和女性后，我才相信自己可以成为一个领导者。作为黑人女性，我一直坚持不懈地关注我的3个孩子，帮助他们正确面对社会上广为流传的刻板印象。那些刻板印象告诉他们，因为他们是黑人，所以不可能在STEM领域和它带来的财富创造中取得成功。我一直在思考，如何让孩子们建立归属感。我们家有一句格言：‘艰苦是好事。’”

归属感不仅是一种认知，还是一种情感。它不仅指知道如何解答数学题，还包含感觉自己属于数学学习者群体。这个群体的每名成员都会被重视，可以且必须做出自己的贡献。

第5章

看得见的数学：图形和实物的力量

相信自己有学习数学的能力是学习数学的必要条件，但仅有信心是不够的。归属感很重要，但是在教室门口热情地互相问候，设定一个让所有人都感到受欢迎的目标，并不能改变大规模疏离感。结束欺辱和欺凌只是一个起点。事实上，适应学习数学的方法就是学习数学。

有一次，我和美国各大城市（和学区）的学校负责人一起参加了一个关于数学学习的会议。一位领导说："数学是一门语言，但我们并没有把它教给所有的孩子。"这话完全正确。没有人认为孩子仅仅因为西班牙语课堂气氛友好就能够读懂西班牙语小说，他们还是得懂西班牙语，不管课堂有多吸引人。

那么，我们如何进一步消除数学教学中普遍存在的那些误区呢？教授数学这门语言的正确方法是什么？如何让它有意义，而不只是追求速度、学习一些技巧或者用特定的方式解题呢？

最好的方法是从认识一个现实开始：我们天生就能借助图形和实物学习数学。成绩最好的几个国家用他们的数学教学证明了这一点，这也是我们根据数百万儿童创造的、汇集了 140 多亿道数学题的学习数据得出的核心见解。认识到这一现实，就能引导我们找到比被大多数人接受的现有数学教学方法更加优越的教学方法。

为了让你理解其中的道理，请你完成下面的证明题。

图形就能证明

请证明 4 比 3 大。你可能会想："这是显而易见的。"是的，但如何证明这个显而易见的事实呢？我知道这个任务感觉就像证明太阳明天会升起（这是一个有趣而著名的哲学讨论）一样毫无意义，但只要你环顾四周，就能找到证据。

从你的视线范围内拿起 7 种物品（例如钢笔、叉子、手机充电线等），然后把它们整齐地分成两堆，一堆 3 个，一堆 4 个。于是，

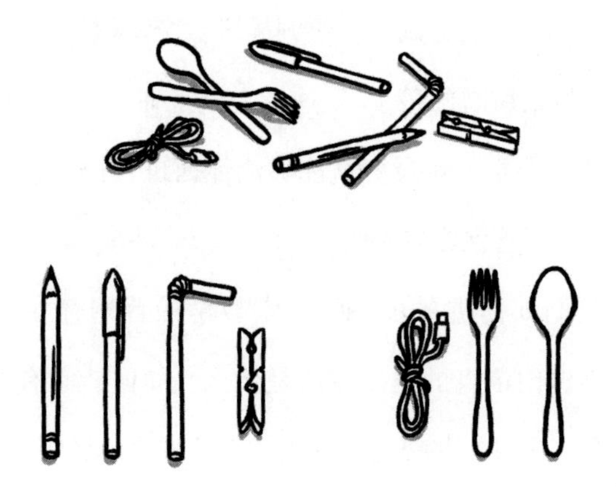

证据就摆在了你眼前——4 个一堆里的物品比 3 个一堆里的物品多，证明 4 比 3 大。

我请你证明这个显而易见的事实，是为了让你理解把东西分成两堆，能让人深刻理解与符号 4 和符号 3 相关的数量。这些数字不是简单的符号或象形文字，而是代表数量，现在你已经掌握了这些数量的绝对知识和具体知识。

接下来请思考，1/3 和 1/4 相比，哪个数字更大？让我们假设这个问题关系重大，因为有人会偷走你的银行账户余额的 1/3 或者 1/4。你有没有根据本能反应给出答案？还是停顿了一会儿，回忆哪个数字更大，或者尝试破译这些符号的含义？

上六年级时，我们班让数学老师斯奈德先生很恼火，因为我们总是一心想着得出正确答案，而忽略了对知识和题目的深入理解。他给我们讲了艾德熊 1/3 磅①汉堡的故事，以说明学习数学时不去理解它的危险。[1] 在 20 世纪 80 年代初，艾德熊推出了一款盲测味道更好的汉堡，肉含量比麦当劳的 1/4 磅汉堡多。他们的广告文案是："艾德熊的 1/3 磅汉堡更大、更美味。"这款汉堡的宣传口号强调了数量："看清楚，是 1/3 磅。"

麦当劳的 1/4 磅汉堡里面有 1/4 磅（4 盎司②）的肉。艾德熊的更大、更美味的汉堡里有 5.3 盎司的肉，价格和麦当劳的 1/4 磅汉堡一样。然而，产品推广失败了。

---

① 1 磅≈454 克。——编者注

② 1 盎司≈28 克。——编者注

图 6–1　艾德熊公司的“看清楚，是 1/3 磅”广告

图片来源：© A&W Restaurants, Inc., 1980。

艾德熊的团队调查失败原因后，发现大多数人认为 1/3 磅汉堡的肉含量比 1/4 磅汉堡的肉含量少，因为 3 比 4 小。消费者没有看出艾德熊的汉堡更划算，反而觉得它更贵。我们可以在此引用教育记者伊丽莎白 · 格林的话：“1/3 磅汉堡给美国公众带来了一次分数测验，我们的成绩是不及格。”[2]

视觉与直觉的联系

美国人汉堡分数测验不及格的故事揭示了直觉能力缺失的问题，这就相当于不知道明天太阳是否会升起或者 4 是否比 3 大。（随着越来越依赖电子设备的导航功能，我的方向感越来越差，让我不由哀叹自己这方面的直觉能力正在减弱。）幸运的是，通过图形和实物学习数学，我们可以重新获得对分数的直觉。这不是要降低题目的难度。作为一个在STEM领域工作了几十年的人，我可以向你保证，数学图形代表高度严谨性。

你在很小的时候就学会了3或4的概念，甚至可能不记得自己学过。当时的你口语能力有限，几乎没有书面表达能力，所以你是通过具体方法来学习3和4代表什么意思的，这也是你唯一的方法。你的家人在教你的时候有意或无意地使用了物品，这些物品可能对你很重要。当你还是一个蹒跚学步的孩子时，你就知道把尖声叫喊"更多"改成说出具体数字（3个红色方块、4块圆饼干、2块动物饼干和5盒麦片）的重要性。

然而，当你开始学习分数时，你已经会读和写了。在芬兰[3]和新加坡[4]等数学成绩优异的国家，绝大多数孩子能用类似幼儿学习整数的具体方法体会分数的意义。而你，可能就没有那么幸运了。用具体方法学习分数的孩子在课堂上看到的不是一个数字叠在另一个数字上构成的令人困惑的抽象符号，而是通过切橙子和蛋糕来学习1/2、1/4或者1/3。他们把饼干掰开分享，他们绘制了很多数学图形。他们不是在影印的练习册上填空，而是开展具体的活动，而且坚持了很多年，并不是只在上幼儿园时使用这种方法学习。每天，他们都会在数学课上深刻地认识到1/3比1/4大。这些孩子会经常看到，也会画出下面这种简单的图形。

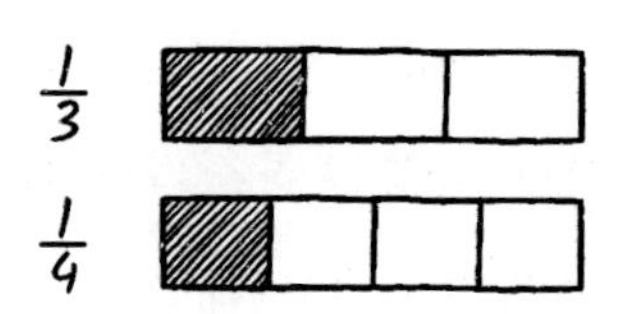

对这些孩子来说，分数是他们能具体理解的实数。他们的理解是通过图形和实物建立起来的。作为人类，我们大部分时间都生活在具体的世界中。学习新知识最简单的方法就是把你所学的内容和你已经知道的内容联系起来。[5] 因为我们所知道的大部分知识都是具体的，前沿脑科学告诉我们，无论一个人年龄大小、老练与否，在学习新知识时，从物理世界开始学习都会更容易。

这些图形和实物不会在分数入门课上使用后就被丢弃。图形和实物仍然是孩子们学习的一部分，尤其是在概念发展的关键时刻。

举例来说，1/2 是多少很容易理解，你可以画半个月亮或半个比萨饼。但 8/4 是多少呢？分子大于分母的分数是什么意思？我们可以记住巧妙处理这些符号的技巧，但孩子能对这个数字有直观的理解吗（很多成年人可能都做不到）？通过多年的尝试和犯错后，我们发现答案是肯定的。是的，孩子们可以做到，而且必须做到。学生在三年级到五年级能否学好分数，被证明是预测其能否学好代数的最重要因素。而能否学好代数和一门额外的高中数学课是预测能否从高中和大学毕业的最重要因素。因此，理解 8/4 这个符号的含义是非常重要的。

我们发现，当我们在分数学习中转换到一个有趣的新想法时（例如，分数不仅可以表示小于 1 的数字，还可以表示大于 1 的数字），就需要再次使用具体方法。一旦如此，我们的学生就可以再一次直观而深刻地理解分数。我们是怎么做的呢？

为了理解 8/4，我们让平台影音材料中的老师萨维茨基先生在课堂上演示慢慢切开两个橙子，并将整个过程拍成了视频。

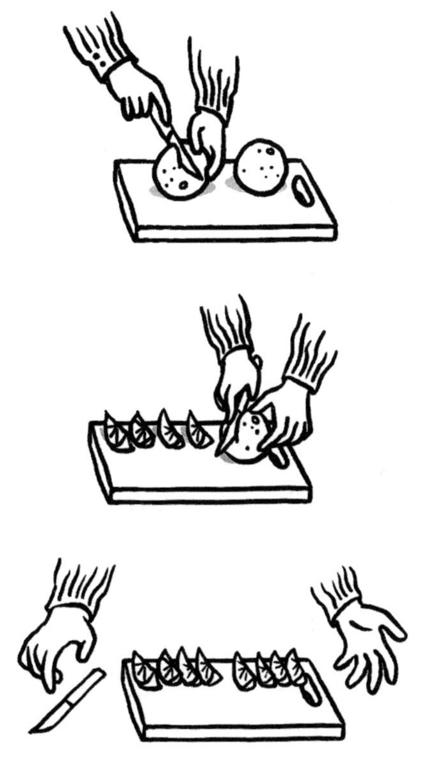

首先，萨维茨基先生把一个橙子切成 4 块。然后，他又把另一个橙子切成 4 块。

我们用 25 秒的视频来展示把 2 个橙子分别切成 4 块的整个过程，用来表示 8/4，并说明它是一个真实的数量。观看镜头前的萨维茨基先生用 25 秒切开橙子似乎是在浪费时间，但事实并非如此。8/4 的另一种表示方法是2。通过练习册向低年级学生抽象地解释8/4可以简化为2，可能需要数周的时间。而通过切橙子，我们以一种学生可以深刻理解并牢牢记住的方式，在不到半分钟的时间里，就向学生展示了8/4确实可以简化为2。

把2个橙子分别切成4块，一共有8块。这就是8/4的含义。

虽然画图看起来不像真正的数学，但真正的数学家一直都在画图。即使你不是在解方程，数学图形也代表了复杂的数学思维。遗憾的是，我们没有意识到这个事实，因为我们迷失了方向，就像失去了乐感一样。任何人都可以哼唱或敲出节奏，即使此人没有接受过音乐训练，也不会读乐谱。但是，如果我们在学习音乐时被剥夺了直觉能力，再也不能哼唱或敲出节奏呢？我们的教学正在对数学直觉产生这样的影响。数学强国会加强学生的直觉。画图与使用数学图形和具体情境是培养直觉的一个策略，也是培养数学能力的一个关键因素。

如果你仍然持怀疑态度，请回想一下鸟类和2天大的婴儿的数学能力。我没有提到鸟类和2天大的婴儿是如何学习数学的，因为针对这种情况，数学是通过具体的物体和图形呈现的。鸟类和2天大的婴儿从未见过乘号、除号、等号之类的符号，他们看到的只是装在碗里的食物或红球。他们利用感兴趣的物体做比较、做加减法，并不是在记忆规则或解码符号，而是正在理解他们生活的这个世界。

从具体到图像再到抽象

人们经常问我有什么神奇的数学教学法，他们想要一个可以概括成一句话的简单答案，例如“我们需要让解题与孩子的生活密切相关”或者“我们需要记住 25 以内的乘法口诀”。但这些只是口号，而不是解决方案。改变数学教育（创造新的方法和结构来发展推理思维）是一项微妙的工作，要小心过于简单化的答案。

不过，我们可以遵循下面这条指导原则：“如果我们遵循从具体到图像再到抽象的过程，那么所有人都能理解数学和学好数学。”这也许并不是值得四处宣扬的妙招，而是一个可以帮助我们找到最佳方法的事实。为了让所有的孩子都成为数学小能手，我们必须循序渐进地利用具体事物、数学图形和抽象的算式帮助他们理解和提升熟练度。

正如我之前提到的，我们在学习时需要将新知识与现有知识联系起来。如果我们不能架起这座桥梁，就记不牢新知识。当新知识与现有知识结合时，你可能会经历一个小小的顿悟时刻，大脑会分泌多巴胺，脑海中响起“哦，我明白了！这就像……”或者诸如此类的声音。

我们的绝大多数知识是通过触摸和观察周围世界获得的。因此，理解新概念的最简单的方法就是使其具体化或直观化。如果你不是“视觉型学习者”该怎么办？完全不用担心，因为根本不存在视觉型学习者。研究表明，将学习风格分为视觉型、听觉型和动觉型的流行观点是错误的。每个人都是视觉型学习者，同时也能通过其他方式学习。事实上，当我们利用多种感觉模式或以多种方式学习同一个知识时，就能学习得更深入。[6]

所以，如果让我概括如何改变数学教育，让所有人都能享受数学、学好数学，那么我的回答是："使用数学图形。成就显著的STEM专家会在日常对话中使用这些图形，还会利用图形来阐述他们取得的突破（例如，詹姆斯·沃森和弗朗西斯·克里克的双螺旋结构与德米特里·门捷列夫的元素周期表）。与仅使用抽象符号和数学符号相比，图形是更容易、更简洁地理解核心数学思想的方法，也是教育孩子的最佳方法！"

将表征引入数学教学（指代数学图形）是我们可以做到的最具影响力的改变。如果做得好，它可以让数学容易被更多的人接受，同时也更加严谨。为了推广数学能力，我们往往采取弃一保一的方法，要么降低标准本身（谁还需要代数？）以便让更多的人掌握数学能力，要么寻找途径推动目前只有少数儿童和成人感兴趣的数学能力（例如，奥林匹克数学竞赛）。

当表征进入教学并成功融入学习者的思考后，学习者的成绩就会迅速提高。新加坡人就是一个很有说服力的例子，他们的数学成绩远超美国人的平均水平。然而，我们并不经常使用这个方法。当下，实物和图形的使用要么仅限于年幼的孩子，要么只在特定的环境中使用。

几年前，我和一位非常成功的投资者聊天。他问我，在我们打造的Zearn Math平台上，数百万学生解决了140多亿道数学题，我从中学到了什么。我说我们发现图形，尤其是色彩鲜艳的图形，可以帮助答错的学生答对下一道题。

对方作为投资者，经常需要用自己的方法完成大量数学运算和价值数百万美元的交易。但一提到图形，他就兴奋起来。他说自己小时候不知道如何区分大于号和小于号。后来，一位老师告诉他可以把这两个符号想象成嘴巴。在想到这张“饥饿的嘴巴”会朝着更大的数字张开后，问题就解决了。这位纯粹数学博士用手模仿了一个饥饿的嘴巴吞咽数字的动作。我一边用微笑掩饰我的惊讶，一边想：“完全理解。”

脑科学告诉我们，用符号思考需要前额叶皮质的发育，而婴幼儿尚未完成这个部位的发育。[7] 因此，必须具备两个条件，孩子们才能用x、y甚至数字来思考数学问题。首先，他们的某些大脑区域必须发育好，特别是前额叶皮质。其次，在他们的身体具备这种能力后，我们还需要告诉他们一个符号可以有两种含义，即所谓的“双重表征”——事物既代表自身又表征其他事物的能力。如果你在楼梯间里看到一张显示最近的消防出口的地图，旁边还有一个红色圆圈表示“你所在的位置”，你的大脑就需要激活理解双重表征的能力。地图是上面有黑线和红色标记的纸质致密物体，加框后挂在墙上。地图也是一幅图形，它向你展示了建筑物的整体布局和你在其中的位置。婴幼儿不能同时理解这两个概念。对婴幼儿来说，世界要具体得多。他们并未真的身处挂在楼梯间的那幅地图里，所以对他们来说地图很愚蠢，因为他们并不在地图标示的“你所在的位置”。

作为构建数字化课程的一个环节，10 年来，我们大约每周去一次教室，倾听孩子们的想法，并用视频记录下来。有一次，我们从一名学前班学生那里听到了对我们幼儿园发展课程的反馈。她上的那节课刚结束，屏幕上突然出现了一个大脑，似乎正在长大。幼儿园老师问她这是什么，她的一名同学先回答说：“那是你的大脑，它正在变大，因为你今年学到了很多知识。”这个孩子觉得大人的理解力令人担忧，她说：“呃，但是我的大脑在我的脑袋里啊。”我每次看这个视频都会大笑。

有一个实验特别清楚地展示了学习双重表征的过程。朱迪 · S. 德洛奇、凯文 · F. 米勒和卡尔 · S. 罗森格伦三位心理学家为了解儿童是如何发展抽象思维的，以 2~3 岁的幼儿为对象，设计了这项实验。在实验中，他们向一个两岁半的小女孩展示了一个玩具屋。[8] 然后，在小女孩的帮助下，他们在玩具屋的沙发下面藏了一只微型泰迪熊玩偶。接下来，他们把小女孩带到一扇（真正的）门前，让她打开这扇门。门的另一边是一间和玩具屋一模一样的大房间，沙发下也藏着泰迪熊玩偶。三人让小女孩找到泰迪熊，但她没有找到。他们让其他孩子重复同样的步骤，结果其他孩子也没有找到。三位心理学家告诉孩子们，他们三人有神奇的能力，可以缩小和扩大房间，还能把物体从玩具屋运送到真实的房间里，从而把两个场景联系起来。三人通过声音效果表示房间在变大或变小，最后，孩子们明白了玩具屋的房间和真实的房间互为表征，进而找到了泰迪熊。

数学使用十进制，我们有 10 根手指，这绝非巧合。我经常讲这个故事，目的是通过这个具体的例子说明大脑是如何工作和发展的。在前额叶皮质发育的同时，处理符号和双重表征的能力也需要其他支持。想想代数中的复数方程吧。六年级学生在开始学习比和比例推理（代数学习中的一个重要概念）时，如果使用具体事物或图像，就可以更好地理解这个概念。假设我们在做花生酱果酱三明治。有的三明治里花生酱和果酱的比例是 1∶1，有的是 1∶3，还有的是 3∶1。在第一种三明治中，花生酱和果酱的数量相等，每放一茶匙花生酱，就要放一茶匙果酱。在其他三明治里，要么果酱多，要么花生酱多。学生们可以决定他们喜欢什么样的三明治。

花生酱和果酱就是帮助我们掌握比例概念的实物。虽然花生酱和果酱哪种多一点儿哪种少一点儿似乎微不足道，但比例很重要，因为比例可以帮助我们思考周围的世界。

为了证明具体学习的价值，实验人员花费的时间比我们有脑科学支持其价值的时间还要长。多年前，追踪大脑功能的磁共振成像仪器尚未问世，一些儿童发展专家就已经通过科学的安排和儿童的直接参与，测试了有关的教学理论。这些实验人员包括玛丽亚·蒙台梭利和心理学家杰罗姆·布鲁纳。[9]蒙台梭利教育法和蒙台梭利学校都源于前者的研究。在从事儿童相关工作的过程中，儿科医生蒙台梭利创造了著名的木制教具，目的是以一种有趣、浅显易懂的方式建立对抽象概念的具体理解。顺便一提，在现在的课堂上，仍然有人使用（和误用）这些东西。正如布鲁纳指出的那样，“我们首先假设，任何学科都可以用某种理智、可靠的方式，教授给任何年龄阶段的儿童”[10]。蒙台梭利和布鲁纳都断定具体学习至关重要，特别是对年幼的儿童、有学习差异的儿童，以及学习新事物的儿童。

虽然布鲁纳是美国哈佛大学的教授，但很多国家接受了他的研究成果，其中包括新加坡，却不包括美国。布鲁纳提出的从具体到图像再到抽象的教学模式帮助新加坡的儿童掌握了数学，从此以后，该国的数学教学被懂行的美国教育工作者和家长冠以“新加坡数学”的美名，以示钦佩和赞同。[11] 在这个国家，每次教授新概念时，即使教授对象是六年级的学生，老师也会从操作具体材料开始，然后转向表征或数学图形，最后以抽象的符号算式结束（就是你在回忆中学数学时能想起来的那些标准算式）。如此一来，孩子们不仅知道在学什么，还学会了那些数学知识。他们不仅深刻理解了相关知识点，还能熟练地计算。

早在新加坡课程诞生之前，具体实物和符号直观化就促成了一些历史性的突破。实物或视觉洞察发挥了核心作用的传奇科学发现有艾萨克·牛顿被苹果砸中头部，以及德米特里·门捷列夫梦见元素周期表。

当你不再用抽象、深奥的术语来思考数学时，这些图形或物体与数学之间的联系就很容易理解了。数学只是一种描述物质世界的语言。没有图形，科学家们很难找到规律，普通学习者至少也会面临同样的困境。与图形建立联系后，数学对所有人来说都更容易理解，而且令人意想不到的是，它还变得更加严谨了。

在培训教师时，我们会向他们展示图片，用来说明制作花生酱果酱三明治或其他食品（如袋装什锦干果或巧克力牛奶）时各种材料的比例。他们的反应是："哇，我真希望我也是这样学数学的。""这样学的话，我的数学肯定很好。""我得用这个方法来教我的学生。"这样教学，学生的理解不仅深刻，而且肯定很具体。只有具体地理解了某件事，我们才能将它抽象化。

咸脆饼干和立方体

你在上学的时候可能做过应用题（有时被称为"脑筋急转弯"）。如果我们只使用x、y这些抽象工具，就有可能觉得这些问题令人望而生畏。但是，一旦你同时使用图形，即使只是想象有一些图形，也会大大降低题目的难度。

接下来，让我们一起做几道应用题。

> 康纳和莉莉在制作袋装什锦干果。康纳在每个袋子里放了7块咸脆饼干，莉莉在每个袋子里放了数量（r）未知的葡萄干。装完3袋后，二人装入的咸脆饼干和葡萄干的总数是45。求r。

这是一道七年级的应用题，要求学生能够将这个问题转化为一个抽象的方程（这是预代数的核心内容之一）。对精通抽象数学语言的人来说，可能很快就会在纸上完成下面这些步骤。

$$
\begin{aligned}
3(7+r)&=45\\
\hline
21+3r&=45\\
-21\quad\quad &\;\;-21\\
\hline
\frac{3r}{3}&=\frac{24}{3}\\
\hline
r&=8
\end{aligned}
$$

但是我们知道，对七年级的学生来说，难点之一就是把这道应用题变成一个抽象的方程。如果习惯心算，不喜欢动笔，即使是平时成绩很好的学生，也会觉得很难。在代数学习的某些阶段，你确实需要写出方程才能求出答案。

要将这道应用题转化为方程 $3(7+r)=45$，第一步可能是一个挑战。这道应用题还有其他一些比较关键的地方，比如如何化简这个方程，得到 $r=8$。毫不夸张地说，许多学生就是从这一刻开始觉得学习数学不再有任何意义，他们投降了。剩下的必修课程对他们来说就是煎熬，是死记硬背，是盲目猜测，是在黑暗中摸索。他们确信学习数学不会有任何意义，因为他们没有这项能力。

图形（现在应用程序中带的动态图效果更好）则可以生动地呈现这个过程。让我们看看如何解这道题。我会在脑海中播放电影：有 3 个袋子。你可以看到康纳在每个袋子里放了 7 块咸脆饼干，莉莉正准备放葡萄干。当所有的袋子都装满后，装入的咸脆饼干和葡萄干总数是 45。在想象这个问题时，我一边默默复述，一边理解。

康纳和莉莉在制作袋装什锦干果。

康纳在每个袋子里放了 7 块咸脆饼干，莉莉在每个袋子里放了数量（r）未知的葡萄干。装完 3 袋后，二人装入的咸脆饼干和葡萄干的总数是 45。

求 r。

下面这幅图直观表现了这道应用题所需的代数思维。

当我们不能一眼看出这个问题所描述的方程 $3(7+r)=45$ 时，这些图会为我们提供帮助，让我们知道如何列出方程。

下面我再举一例。

仓储公司有两种仓位：立方体仓位和两倍仓位。立方体仓位就是一个立方体，仓储体积为 64m³。两倍仓位的仓储体积是立方体仓位仓储体积的 2 倍，但占用的面积相同。求两倍仓位的可能尺寸是多少？

解这道题时，很多人会先确定立方体仓位的长、宽、高。经过猜测和检验，你会得出结论，它的边长是 4，因为 $4\times4\times4=64$。但是现在，在占用面积保持不变的情况下，如何得到仓储体积是立方体仓位 2 倍的两倍仓位的边长呢？ $8\times8\times8$ 这个尺寸正确吗？

图形可以把这个很难的数学问题变成想象两个立方体堆叠在一起的简单的具体问题。

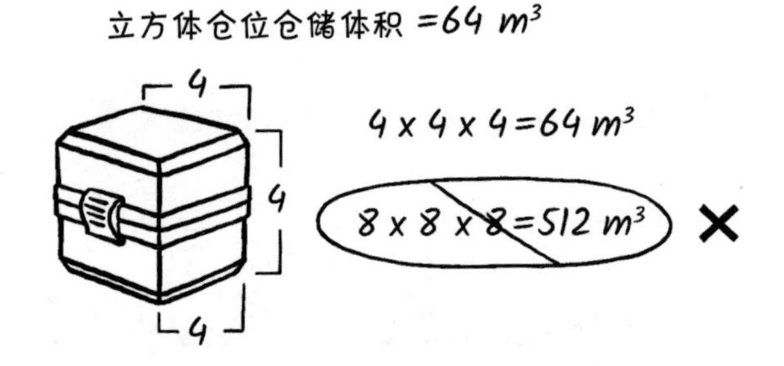

$8\times8\times8=512\text{m}^3$，远大于 64m^3 的两倍仓位。事实上，它是立方体仓位仓储体积的 8 倍，因此称之为“8 倍仓位”可能更准确。此外，这个仓位占用的面积不会和立方体仓位相同，因为三条边的长度都加倍了。

下图是一个 8 倍仓位。我们只要看一眼，就知道 $8\times8\times8$ 不是 $4\times4\times4$ 的 2 倍。

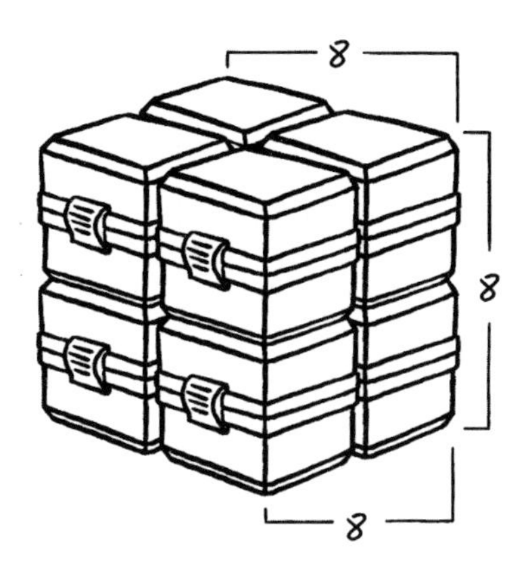

图形将这个抽象的难题变成了一个简单的练习，其中的逻辑直观明了：如果将两个立方体叠在一起，新的形状只有一条边的长度加倍了。它是一个长方体，但是从另一个角度看，它就是相互叠加的两个立方体。

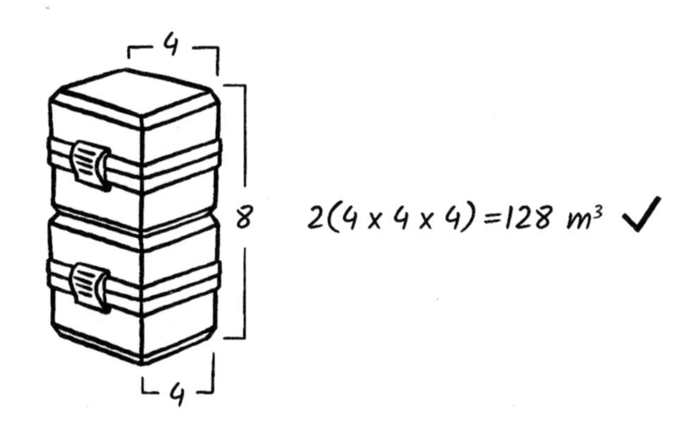

想象我们能“看到”从具体到图像再到抽象的过程，就能理解为什么这种学习方法的效果最好。这种方法带给我们的顿悟时刻充分说明它的效果优于任何冗长的解释。为了证明这点，让我分享一些适合帮助幼儿园到初中阶段的孩子们顿悟的视觉资料。首先，孩子们是如何知道符号 2 表示数量 2，以及 2 本身是一个事物的呢？学习是从两个苹果开始的。苹果是可以吃的水果，一共有 2 个。然后，我们可以在纸上画两个圆。一个圆是一个事物，妈妈画了两个圆。最后，只剩下数字 2，因为 2 既代表自身，也表示一个概念。它就是 2。

最后：

2

这就是我们教授学前概念的方法，我们也可以利用这个方法来教授比和比例推理，这是一个六年级的概念，是代数最重要的组成部分。

我们从盘中水果的比例开始——1 根香蕉对应 2 个苹果。如果这个比例是固定的，而且我们有更多的水果，那么我们可能有 2 根香蕉和 4 个苹果。我们可以很快地让初中生从水果过渡到 1 个正方形对应 2 个圆形。最后，我们可以解释 1∶2 的关系本身就是一个概念，即比率。

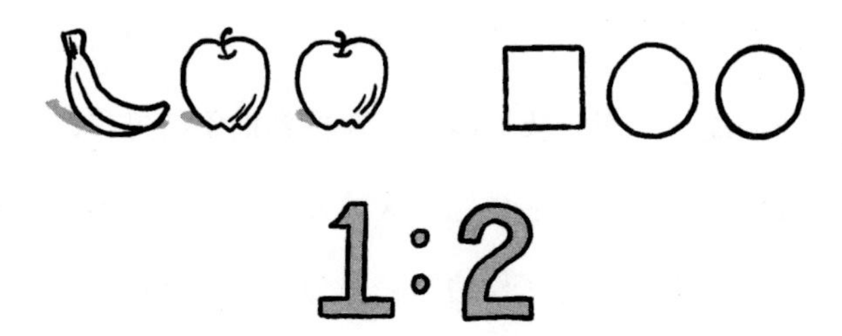

随着大脑的发育，我们建立了对符号和数字的抽象数感。成年后，我们知道符号 2 表示数量 2，自然不需要再使用 2 个苹果的图片了。然而，在数学探索的每个阶段，当我们还没有抽象地掌握某个复杂概念的时候，我们都可以用图形和实物来辅助理解。也就是说，无论你是幼儿园的学生还是构建人工智能算法的数学家，理解或加深理解某个概念的最简单的方法就是让它具体化或直观化。到头来，检验你是否完全理解数学知识的严峻测试就变成了检验你是否会画画。

第6章

化繁为简：简化问题的魔力

在打造Zearn Math平台的早期，我花了数千个小时观察数学课堂中的学生，注意到了一些令人吃惊的现象。喜欢数学并且表现出色的学生与学数学有困难的学生使用的解题方式有所不同。最令人意想不到的是，成功的学生似乎更“懒”，更不愿意循规蹈矩。也就是说，当问题摆在他们面前时，他们通常不会急于解题。相反，他们会思考一会儿，试图理解问题。在停下来思考并有了深刻的理解之后，他们通常会寻找一个更简单的解题方法。

如果你或你的孩子总是觉得数学很难，不要气馁，在得到帮助后，你也可以找到更简单的方法。即使现在没有找到，你也要振作起来。我在最近10年里遇到的数学学得好的学生（无论是孩子还是成人），大多是因为他们看到别人使用不同的方法和思路，而不是闭门造车，自然而然地有了新发现。一小部分人确实靠自己找到了更简单的方法，但大多数人都是通过示教学会利用简单方法解决问题的。

你的老师也许没有告诉你更简单的方法，他们可能从来没有告诉你可以让一个问题变得更容易理解。当然，这种隐瞒不是故意的。我向你保证，更容易并不意味着偷奸耍滑。你会发现，这些更简单的方法在现实生活中可以转化为更好的解决问题的策略。

如果你自问："真的有更简单的方法吗？"答案是肯定的，但确实需要提出问题和耐心。在这一章中，我想从多个角度来研究一个数学问题，找出更简单的方法。我还想告诉你，简化问题需要培养相应的思维模式，还要循序渐进。在阅读本章内容的时候请记住，使用这些方法的学生不一定天生就拥有超强的能力。相反，他们都是被教导要寻找更简单的方法，甚至要把寻找更简单的方法看作必须满足的要求。

"要求"是关键。如果你有要求，就意味着你认为自己应该得到它。某道数学题你几乎无法理解，你是只能屈服，希望能想起别人教给你的公式，还是说，你有权利（甚至权力）去解答、研究和理解它？

让我们从下面这道题开始吧。

$$35 \times 18 = ?$$

在做这道题时，你首先可能干什么？不用得出答案，说说怎么开始就行。记住：我们不需要你以最快的速度大声说出答案，而是希望你专注于解题的第一步。

一种常见的反应是用叠加的方式重写这个算式，以便完成乘法计算，如下图所示。

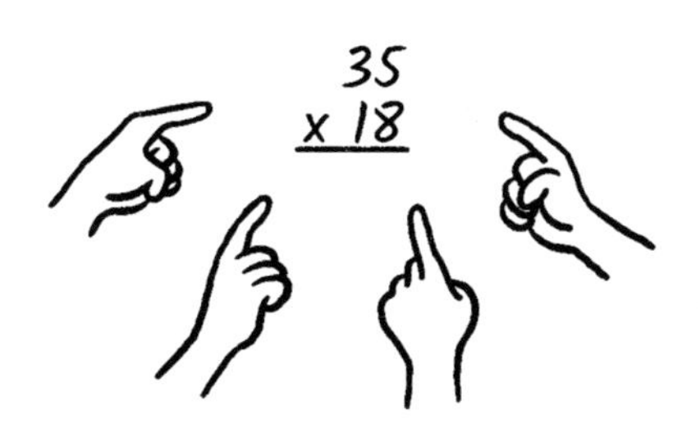

还有其他方法吗？对你来说有更简单的方法吗？我曾向数百人提出这个问题，询问他们首先会干什么，以及如何让解题过程变得更容易（邀请我参加晚宴，就得有回答问题的心理准备）。答案五花八门。

很多人会如上图所示，利用传统算法，就像我们在学校里学过的那样。但是很多人，甚至是把传统算法作为第一选择的那些人，都觉得这个方法很乏味。那些被教导过要寻找更简单方法的人则会尝试其他方法。

其中一个方法是把数字变得更容易计算。有的人会把数字 18 变成 20。于是，他们计算的不是 35×18，而是 35×20。他们可能在大脑里或纸上完成下图所示的步骤。

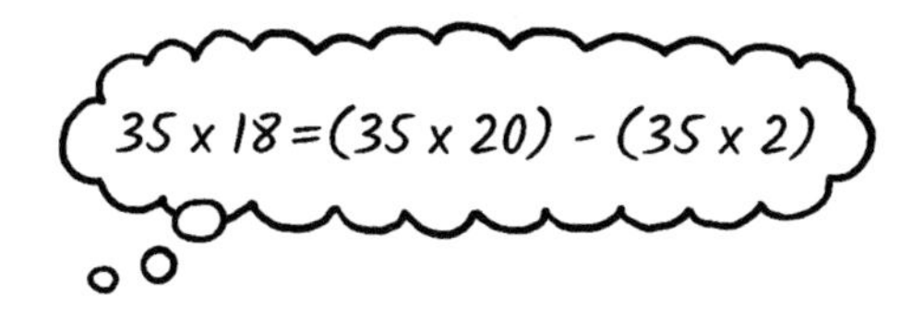

现在，你可能会想："我的脑子里从来没有出现过这样的思维

气泡。”以上这些插图并不表示每个人的脑海里会出现一模一样的图像。我在与孩子和成年人谈论如何简化问题时，如果对方通过心算解决问题，我会坚持要求他们用语言描述具体是怎么做的。很少有人像本书中的插图这样想象算式。很多人的头脑中并没有具体的图像。不过，我们可以从插图看到他们是怎么做的。

接下来，很多人会用语言说明他们下一步要采用的方法。比如，有的人会说：“我想把 18 变成 20。我知道 35 乘 10 等于 350。因为我们乘的是 20，而不是 10，所以乘积是两个 350，也就是 700。”还有的人会说：“35 乘 2 等于 70，因为乘数是 20，而不是 2，所以我现在还需要乘 10，最后的得数是 700。”这些思路可以用下图表示。

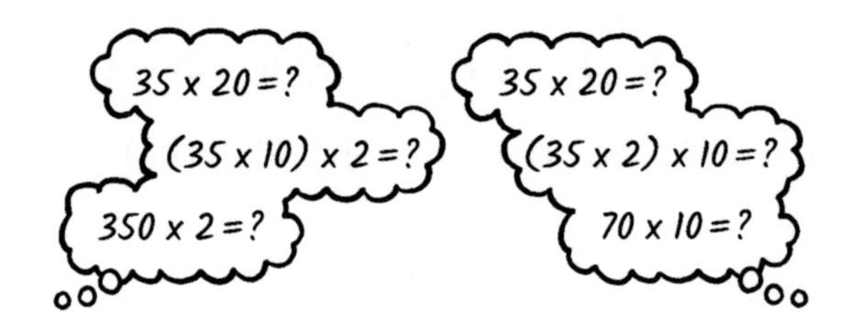

现在，我们得到 35×20 的答案，乘积是 700。但我们还没有得出 35×18 的答案。

大家接下来的做法就没有那么不同了。举个例子，如果做到这一步后，与你讨论的对象是一个初中生，他可能会说：“现在，我已经知道 35 乘 20 等于 700。但是，我要求的是 18 个 35 等于多少。所以，我需要拿走 2 个 35，也就是说，要减去 70。换句话说，35 乘 18 等于 700 减 70。”至此，我们可以得出答案是 630。

我发现这个方法比乘法简单，但这并不意味着它适用于每个人，甚至不一定适用于我。就像美与不美一样，简单与否是见仁见智的问题。另一名初中生描述的方法我觉得更难，但是她喜欢。她决定把数字 18 分成 8 和 10。她很快心算出 35×10 的结果，这很简单，答案是 350。然后是 35×8，这就不那么容易了。这时，她拿起一张纸，快速列出 35×8 的乘法算式，得到 280。然后，她只需计算 $350 + 280$，就可以得出 630。

并不是每一次简化问题的尝试都能有效地解决问题。此外，简单与否有时与个人偏好和习惯有关。这不是一个死记硬背的过程，相反，它是一种思维模式，是即兴的。简化问题时，我们会在解题过程中感受到能动性，磨炼自己解决问题的能力。

思想意识和想法的区别

简化问题有一个障碍：思想意识。你可能会想："思想意识到底和求解 x 或分数除法有什么关系？"正如你即将发现的那样，思想意识可以成为固定型思维模式的推动者，使你在数学学习和生活中的选择受到限制。请耐心听我解释，相信我，我们的话题很快就会回到数学上来。

虽然我不通晓政治，但这 10 年来，美国人民日常谈论的话题发生了明显的变化，不仅有太多的热点问题，还经常流露出愤怒的情绪。因此，我的日常互动也发生了变化。在我的很多日常对话中，思想意识已经取代了想法，而思想意识会让我紧张。

思想意识是一个完整的信仰体系，是一个大口径的镜头，你可以通过它来解读世界上的大多数事件。想法是一个具体或抽象的概念。从思想意识的角度看问题可能导致人们用企业贪婪或政府专横的视角来看待一切事物。长时间快速浏览社交媒体既会使思想意识简单化，也会放大思想意识，增加其危险性。思想意识会帮助我们避免纠结于复杂或令人困惑的想法。你有可能迅速得出你的第一个答案，而算法让你不假思索地认同自己的观点，因此你不会再重新考虑这个问题了。当然，思想意识也是有效和必要的，可以帮助我们节省时间。忙碌的生活总是让我们面临选择，所以我们想要走走捷径，也需要捷径。健康饮食的思想意识可能会帮助你吃得更好，即使你掌握的科学知识并不准确。我们不可能对抛过来的每一个问题都有深入思考。

然而，思想意识会干扰数学教学。我是在开始探索如何教学生解决问题后，发现思想意识会阻碍我们的。如果我们的思想意识认为数学的关键是计算步骤，在看到 35×18 这道题后，我们就会直接用运算法则求出答案。我们熟悉运算法则，事实上，在思想意识的引导下，很多挑起数学战争的人都喜欢使用运算法则，而不考虑具体情况。（是的，在你认为逻辑缜密的数学领域，人们对计算步骤的看法也会受思想意识的影响，对此我也很惊讶。）还有一些人在思想意识上反对使用运算法则。考虑到运算法则的实用性，这甚至更令人困惑。他们可能认为，学习运算法则就不能同时学会创造性地思考，不能用其他方法解决数学问题。

请不要将简化问题和使问题过分简单化混为一谈。要简化问题，你必须独立思考，从思想意识转向想法。想法是具体的，不成体系。用运算法则求解 35×18 是一个想法。把18取整后计算20个35的和，再减去2个35，也是一个想法，而且在数学中有一个专有名称：补偿策略。在心里想着将18分解成10和8，再分别乘以35，然后将所得乘积相加，这是分配律，同时也是一个想法。

简化问题只存在于想法这个领域。想法比思想意识更难，因为你必须考虑细节，必须考虑每一个想法。与此同时，想法具有包容性。每个人都被鼓励提出想法，质疑和分析想法。在解决问题时，每个人都可能有自己的想法，或者至少提出一个尝试的办法，即使尝试不成功，失败也能提供学习的机会。正如托马斯·爱迪生所说："我只不过是发现这2 000种方法不能制造出灯泡。"[1]思想意识是排他的。虽然思想意识有助于我们成群结队（在某些情况下这是一种有意识的行为），但也会排斥那些不认同某种特定思想意识的人。而本书旨在分享关于数学教学的具体想法，希望打破认定谁能或者不能学好数学的思想意识。

一旦从思想意识转向想法，我们就是在解决问题，这是我们与生俱来的能力。这种能力除了能在大脑中产生普遍的愉悦感，还能在我们努力解决大大小小的问题时让我们富有激情，找到目标。例如，如果我们一直在追求完美的香蕉面包食谱，那么随着不断深入研究，我们的兴趣就会越来越浓，希望听到关于如何制作完美的香蕉面包的想法。最近，我就了解到，如果一开始把坚果放到冷的烤箱里，那么当烤箱发出预热完成的提示音时，坚果就会烤得恰到好处。花在解题想法上的时间越多，我就越有激情。就像追求完美的香蕉面包一样，我会爱上 35 × 18 这道题，喜欢听到新的解题方法。

好了，接下来我们继续讨论 35 × 18。这里有一个关于如何解这道题的想法，是一个五年级的学生告诉我的。我对这个想法记忆深刻，因为那个五年级学生非常生动地描述了他脑海中的画面，还说他一直热衷于使用这个方法。他说："学数学时，我喜欢求面积，所以我把这道题目想象成计算一个矩形的面积。我把这个矩形分成更小的矩形，然后把它们加起来。"

我："哇，太棒了！告诉我你为什么喜欢计算面积。"

学生："因为面积告诉我数学是真实存在的。面积可以展现我的卧室地面的大小。面积对我来说是有意义的。"

在他说这些话时，我的脑海里浮现出下面的画面。

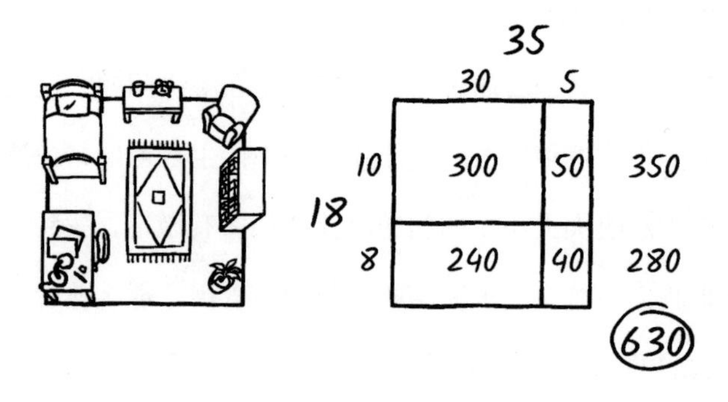

“我计算出每个矩形的面积，分别是 300、50、240 和 40。然后，我把它们相加。”他停顿了一会儿，接着说道，“我想和是 630，但是之前心算时，我可能在这个地方算错了。”

我和一些孩子及成年人分享了这个问题。几年后，我遇到了教育家丹尼丝，她告诉我一个更简单的新方法。听到这个方法，我兴奋不已。这个想法已经成为我解决 35×18 这道题的最喜欢的方法。在解决类似问题时，我也会使用这个方法。

丹尼丝是一位过程艺术家，习惯三思而后行。那天下午，我和她讨论了这个问题。听完后，她没有立即提出解决方法。她说要好好思考一下，然后来找我。那天晚上，她给我送来一张简短的便条，大致内容是：

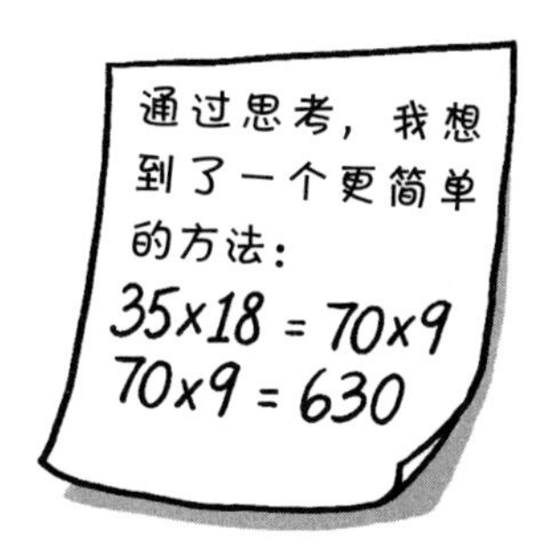

简直不可思议！丹尼丝发现 35×18 的 18 中有一个 2，她可以把这个 2 移到 35 那里，得到 70。

$$35 \times 18 = 35 \times (2 \times 9) = (35 \times 2) \times 9 = 70 \times 9$$

这个方法的技术名称是结合律。结合律的意思是计算 $35 \times 2 \times 9$

时，无论按什么顺序计算，乘积都是630。这个方法叫什么名字并不重要，重要的是这个定律。简化问题需要我们有具体的想法。当我们来到这个层面时，就有机会更深入地探索数字的规则。这些规则没有例外情况，是纯粹的公理。如果学生在做数学题时简化问题，就会在摆弄数字的过程中凭直觉了解数学公理。

在经典著作《禅与摩托车维修艺术》中，叙述者在批评一本摩托车维修手册时提出了类似的观点："这种说明书真正让人生气的地方是，它们暗示组装旋转烤肉器只有一种方法，也就是说明书中的方法。这个假设抹杀了创造力。实际上，组装旋转烤肉器有数百种方法。他们让你只遵循一种方法，而不让你全面了解问题。如此一来，你在按照说明书操作时很难不犯错误，于是你对做这件事失去了兴趣。不仅如此，他们告诉你的可能还不是最好的方法。"[2]

我有时会忘记寻求帮助需要多大的勇气，直到我再次需要帮助。我的独立性让我感到骄傲，也让我羞于张口求人。有的学生发现尝试其他方法是解决问题的一个常见环节，因此会学着寻求帮助。他们可能会说："你能告诉我其他方法吗？"或者"我没理解你的问题，你能换个提问方式吗？"

寻求帮助是学业成功的一个高效预测因素。请老师或朋友释疑解惑并得到反馈可以使问题变得容易，甚至变得易如反掌。在学校里，寻求帮助的方式有很多：寻求建议，请求对方协助你完成任务，或者就你不懂的事情提出具体的问题。

一个人是否愿意寻求帮助，会受到诸多因素的影响，但学习科学提倡创建反馈丰富的环境来鼓励这种行为。10年来，我观摩了数千堂小学数学课，发现很多教室里挂有锚图①。我经常看到锚图上写着“犯错是学习的方式”，这是反馈丰富的环境中最好的“口号”。但孩子们知道，这些宣传画通常都是谎言。孩子们不傻，知道上学和数学课是高风险活动，犯错就会受到惩罚。

我们可以看看孩子是怎么玩电子游戏的。任务或战斗失败后，他们会寻求帮助，然后再次尝试。他们会分析问题，他们考虑的是一个个想法，而不是思想意识。在游戏中，他们希望降低问题的难度。电子游戏不会为了筛选出真正的游戏高手而将广大玩家拒之门外。在游戏的世界里，孩子们明白失败是成功的第一步。

我喜欢捕捉初中数学老师沉思的瞬间。初中教师仿佛是由特殊的材料制成的，他们在思考成功的学生和学习有困难的学生之间的差异时，几乎没有人认为主要差异在于天生的智力。相反，这些老师经常认为寻求帮助的行为是导致差异的一个因素。以下是我收到的一些回复：

> “我教的那些好学生经常通过寻求帮助来加深自己的理解，他们会很好地利用时间，会分析问题，针对他们困惑的地方提问。”
>
> “我认真思考了初中生是怎么解答多步骤的复杂应用题的。很多这类问题需要五六步才能得出答案。我的学生几乎都能做

① 锚图是一种把知识点系统化、清晰化的教学工具，常见于美国教室中。——编者注

对这些复杂的数学题，但也有学生的计算过程很复杂，然后粗心犯错。这太可惜了，因为做对的孩子实际上解决的是一个更简单的问题，而做错的孩子把本就复杂的问题变得更加复杂了。当我意识到这一点后，我开始改变教学方式，有意识地帮助所有学生简化问题。”

有经验的老师会注意到学生解决问题的微妙习惯和思维方式，除了教授概念和步骤，他们还想帮助学生培养好的习惯与思维方式。

归根结底，我们关心的不仅仅是寻求帮助，还关心你解决问题的偏好，或者说解决问题的习惯。

回想一下我们讨论过的那些误区。快速解答数学题能帮助你简化问题吗？能，也不能。在压力下，血液从大脑流向腿部，以便你能逃跑，这并不适合寻求更简单方法所需的停下来思考的认知过程。然而，如果没有工作记忆，你就会对问题中有趣的部分失去动力。正如我说过的，简化问题并不是一个需要记忆的技巧，而是通过合作讨论完成的。你绝对不可能记住你是如何简化问题的。但是，记住运算法则和步骤很有用，坦率地说，合作需要这些知识。最后，如果要求学生完全按照别人的方法去做，就会扼杀他们的勇气和直觉，而且他们肯定不会知道他们本可以把问题变得简单一些。简化问题就是培养解决问题的习惯，这是一个良性循环：找到对你来说更容易的方法，会让你更自信；当你自信时，就更有可能探索简化问题的方法。

第7章

跳出思维的盒子：尝试不同的方法

假设我正在清理咖啡机的水垢。我沿用某个特定的方法，按下某个按钮。如果这个方法行不通，我该怎么办，对着咖啡机大喊大叫吗？这样做于事无补。指望我有一个工业工程的学位？在煮下一杯咖啡之前，我是拿不到这个学位的。但迟早，理智会回归，我会做唯一能做的理性之事：尝试别的办法。我会多按几个按钮，在网上找教程，或者向家人求助。

尝试不同的方法可能会让我们手忙脚乱，甚至是绝望之下的孤注一掷。但如果你意识到离开或改变所在的环境是解决问题的一个环节，那么尝试不同的方法也可能是一种平静有序的反应。

虽然“尝试不同的方法”在家庭装修领域很常见，但遗憾的是，许多人没有意识到这也是数学学习的关键。直到快40岁的时候，我才适应了这个策略。深谙此道的人可以节省很多的精力和情感，在解决问题的道路上不断前进。3岁的孩子玩堆叠或计数游戏时，或者我煮咖啡时，都可以用到这个策略。这是一项数学技能，也是一项生活技能，我们应该在孩子能够吸收这项技能时就教给他们。

即使没有这项技能，当遭遇挫折时，我们最终也会冷静下来，而且有望回到问题本身并尝试其他方法。然而，我们对这个行为没有元认知。也就是说，我们没有思考我们的心理过程，也没有思考我们是如何思考的。我们不明白需要尝试其他方法是一个正常现象。但只有知道这是正常现象，更多的人才有望回过头来继续解决问题，而不是放弃面前的数学题，甚至彻底放弃数学学习。

数学学习通常不会按以上说的方式推进。通常情况下，如果你陷入困境或遭遇挫折，就会产生负面评价。你可能会参与一系列羞辱性的测试，然后被归类为“比同年级水平落后两年”——不管这意味着什么。在被这样归类后，你很有可能无法继续做当初的那些问题，而是需要补习。你没有机会用新的方法解答那些题目。

虽然数学教学的本质是解决问题（K–12 学生在上学期间只有在学数学时才真的是在解决问题），但尝试不同的方法并没有充分融入数学的教与学中。进入课堂环境后，我们就忘记了它对现实生活的价值。

有意识地尝试不同的方法

我和家人旅行时喜欢玩纸牌或棋盘游戏，最近我们玩了《纽约时报》数字版游戏版块里的所有游戏。我们很喜欢《纽约时报》应用程序里的一个叫作“拼词比赛”的游戏。[1] 玩这款游戏时，你会看到 7 个字母，一个字母在中央，其余字母围绕着它排成六面阵，你要用这 6 个字母组成尽可能多的包含 4 个或更多字母的单词，中央的那个字母也必须包括在内。包含所有 7 个字母的单词被称为“全字母词”。一旦拼出全字母词，全家都会高兴得叫出声来。

我是在我的一个儿子的引导下开始玩拼词比赛的，他已经玩了几个星期了。那天，游戏给出的字母是R、M、F、U、A、L和O，中间的字母是O。我们一起快速拼出了loaf（面包）、loom（织布机）、from（从……）、room（房间）、aloof（冷淡）。但是接下来我们遇到了障碍，都想不出别的词了。

儿子看着我说：“妈妈，我来帮你。”他按下了屏幕底部的一个小按钮。O周围的 6 个字母开始变换位置。还是同样的字母，同样的游戏，同样的限制条件。但是在字母变换位置后，我们的大

脑恢复了运转。我们对视一下，异口同声地喊道：FORMULA（公式）——一个全字母词。

可以看出游戏设计者理解了解决问题的机制，知道如何创造令人愉快的体验，因此预料到了玩家在陷入困境后需要以新的方式去看这个游戏。这种设计利用了尝试不同方法解决问题的好处。你看，在玩拼词比赛游戏时，尝试其他方法是多么微妙、冷静和令人期待啊！

遗憾的是，我们学习数学的方法正好相反，而罪魁祸首是关于培养数学理解能力的一个错误比喻。我们说数学是累积性的，每个新概念都依赖之前掌握的所有概念。虽然数学确实是累积性的，但我们对它的讨论和解释都停留在逻辑的极端。我们的信念因此发生了变化，认为解决眼前的问题需要严格运用每一项先决技能。或者说，我们把理解视为基础，每年加固它，担心哪里缺了块砖，墙就会倒塌。你不会做面前的数学题，不是因为你必须尝试其他方法，而是因为你还没有把每一块砖都砌进墙里。事实上，如果你认为每一块砖都必须先用砂浆牢牢砌好，你就会认为尝试其他方法是愚蠢的。这是对塑造数学思维的一种过于字面化的解释。数学只是几个大的概念，有很多切入点，而不是数百种分散的技能——除非我们在教授的是数学误区。

假设一个三年级的学生正在因为学习分数而头疼，或者一个六年级的学生正在因为学习比例和比率而吃尽苦头（这些概念是数学中的两个重要内容）。我们通常会认为他们落后于同年级水平，需要花时间填补地基中缺失的砖块。而在现实中，并没有砖块需要填补，因为我们的数学学习有时会有新的起始点，用上面的比喻来说，就是需要建造新的墙壁。

所有单独的数学概念都不是累积性的。即使你还在背乘法表，你也能学习分数。上七年级时，即使你还在巩固你对六年级学习的比例概念的理解，你也有可能轻松地计算出长方体的体积。而有时，在遇到困难后，也没有办法从头再来。一年级和二年级不教分数。所以，如果你是三年级学生，在学习分数时遇到了困难，那是因为你难以理解一个新的概念——数轴上 0 到 1 之间还有数字。学校在六年级之前也不教比率或比例推理。所以，如果你难以理解这些概念，真的没有补救办法。我们只能尝试换一种方式教授这些概念。

因为数学学习经常有新的起点，所以当学生感到困惑时，我们就需要换一种方法。如果一个六年级的学生需要解释为什么 4∶6 和 6∶18 不相等，他在之前五年级的教学中确实找不到可以补救的内容。此时，我们必须尝试其他方法。

一种方法可能是尝试改变这两个比例，使它们有一个共同的数字。4∶6 两边除以 2，就会得到 2∶3；6∶18 两边除以 3，得到 2∶6。通过这个抽象的操作，我们可以看到这两个比例是不相等的。但是，学生一开始可能无法理解这个潜在的步骤。

相反，我们可以尝试将这些数字直观化或具体化（参见第 5 章）。假设你有 4 罐黑漆和 6 罐白漆，你把它们混合在一起。再假设你有 6 罐黑漆和 18 罐白漆，你也把它们混合在一起。混合得到的两种灰漆是同一种颜色吗？如果颜色不同，哪一种颜色较浅？

另一种方法可以让问题与生活之间的关系更加密切，或者结合你已经理解的背景知识来解释这道数学题。也许我不能抽象地理解比例，但我可以通过我热爱的橄榄球直观地理解它们。我是一个橄榄球迷，对布法罗比尔队有着坚定不移的忠诚。在我的家族里，忠诚代代相传。如果有人告诉我橄榄球比赛的比分是45–0，现在正在中场休息，那么我会让对方确定信息是否准确，因为这个比分让我难以置信。我知道半场结束意味着还有两节比赛，而只打两节就出现如此高的比分是不正常的。通常，美国国家橄榄球联盟的比赛不会出现90分的高分，而两节比赛拿下45分就可能意味着四节比赛获得90分。换句话说，触地得分与比赛节数的比例似乎不太对劲。因为橄榄球比赛的相关性，我意识到这个比例是不寻常的，即使我无法用公式精确地确定这个比例。

阅读科目教学领域的相关性研究在一定程度上也适用于数学。著名认知科学家丹尼尔·威林厄姆在发表于《纽约时报》的一篇文章中总结道：

> 在一项实验中，一些三年级学生（阅读测试表明，有的学生阅读能力强，有的学生阅读能力差）被要求阅读一篇关于足球的文章。结果显示，熟悉足球但阅读能力差的学生对文章做出准确推断的可能性是对足球了解不多但阅读能力强的学生的3倍。这意味着在阅读测试中得分高的学生是那些知识面广的学生，他们通常对测试文章的主题至少有一点儿了解。[2]

在数学教学中，为应用题设置一个与学生有关而不是毫无意义的背景，可以帮助学生利用直觉和以前的知识，并尝试用其他方法解题。有的应用题会让我感到莫名其妙："我为什么要买30个哈密瓜？"

当然，相关性作为一种策略有其局限性。具体到图像再到抽象教学法的提出者之一、科学家杰罗姆·布鲁纳指出："认为生活教育总是对孩子们有利，就有些感情用事了，就像强迫孩子机械地重复成年人社会的惯用语是空洞的形式主义一样。兴趣是可以创造和激发的。"比如，我在读七年级的双胞胎儿子就是看不懂关于龙的书，也不会做涉及"二战"火炮的数学题。

帮助数学学生发现适合他们的不同方法有时是一项技术性任务，

需要具备丰富的数学教学知识，亦称“学科教学知识”。在数学课堂上，老师经常让那些学习本年级数学知识有困难的学生去学习低年级的知识。尽管老师的本意是要帮助他们，但这种做法往往是浪费时间。

请考虑下面这道题目：

$$\begin{array}{r} 4072 \\ -2429 \\ \hline \end{array}$$

这是一道四年级的减法题，要求我们“借位”，即把 1 000 分解成 10 个 100。四年级的学生做这道题时可能会遇到困难，尤其是百位上的 0。如果学生答错了，老师通常的做法可能不是解决这个 0 引起的困惑，而是让学生回过头去复习二年级时教的多位数减法。在这种情况下，学生接下来会看到这样的题目：

$$21-13=$$

但二年级学生可能不会使用完整的减法算法，而是用一种不成熟的策略来解这道题。虽然他们可以从 21 的十位数 2 那里借一个 1，但这道题也可以使用一个更简单的计算策略。如果用语言表达，可能是这样的：我知道 13 需要加 7 才能得到 20，再多加 1 就会得到 21，7 加 1 等于 8！换句话说，让一个正在为借位这个高级方法头疼的四年级学生去解答不需要借位就能解决的题目，只不过是浪费时间。对无法理解减法中的借位概念，或者不知道如何处理那个 0 的四年级学生来说，复习多位数减法的做法根本没有任何用处。

但如果我们用另一种方式教授这道减法题，例子中的四年级学生就有可能解决它。我们可以画出位值表，将每个数字转换成图形，显示出它们包含多少个1 000、100、10和1。然后，我们可以把1 000变成10个100，10变成10个1，再使用减法运算。下面是4 072 – 2 429这道题的数学图形：

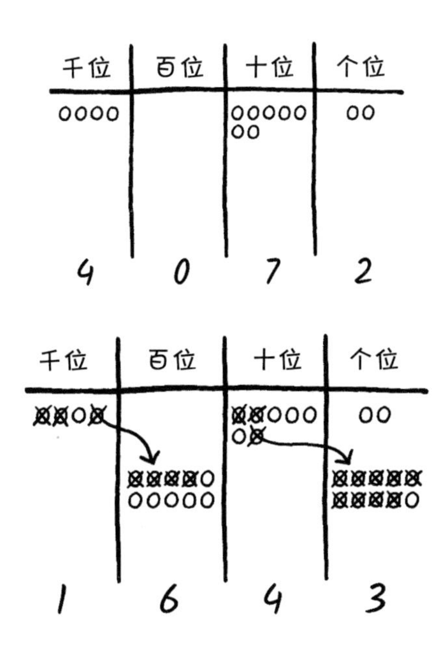

利用视觉表征，我们可以继续解这道题，并尝试不同的方法，还可以重点关注借位——那个四年级学生仍然不确定的重要概念。

迎头赶上与向前迈进

在创建Zearn Math平台的早期（当时，我们尚未掌握大量数据，或者我们团队中的数据科学家还没有开始利用我们掌握的数据），我们对平台的数字化学习方法做了初步分析。我们想要回答的关键问题是：是什么帮助学生做对了他们一开始做错的类似问题？此外，我们希望能尽快为学生提供帮助，因为时间是学习中最稀缺的资源。

我们在分析过程中有了一些意想不到的发现。如果通过颜色艳丽的简单图形向做错题的学生展示另一种解题方法，他们下次遇到类似问题时就更有可能做对。我们真的不知道该如何理解这一发现，只能猜测是这些图形使概念易于理解，而鲜艳的颜色能吸引学生的注意力。

几年前，随着科研人员和数据科学家的加入，再加上平台的数据包含了超过140亿道被解答过的题目，我们重新开始了这方面的研究。在新冠疫情最严重的时候，我和《魔鬼经济学》一书的作者史蒂芬·列维特有过一次交谈。他问我，当学生在学习过程中遇到困难时，我们应该让他们去复习什么。我回答说，在数学学习中，通常没有回头路。接着，我又补充说，解决之道不是让学生复习低年级的知识，而是要向学生展示适合他们当前水平的其他方法。

我告诉列维特，复习这个主流应对模式通常是在浪费孩子们的时间。有时学生确实需要复习以前的材料（同样是整合复杂性），但不问青红皂白就安排他们去复习的本能反应是错误的。

列维特对我的团队提出了一个挑战：如果我们说的是对的，就应该证明它。他肯定地表示，我们的数据足够强大。他还就如何在我们掌握的数据中找出自然实验的问题提出了一些创造性想法。

我们的研究人员开始尝试证明我的想法。最终，我们使用了一些前沿的数据科学方法。首先，研究人员建立了一个“固定效应”模型。在这个模型中，被比较的两个组别并不是标准研究中通常会设置的彼此独立的两组人，而是对在不同的时刻受到不同刺激的同一群人做比较。

研究人员开展实验时，通常会比较干预手段对两个相似群体的影响。如果要确定某种药物是否有效，研究人员就会给一组人服用这种药物，给另一组人服用安慰剂（如糖丸）。但我们的研究人员并没有将一组学生与另一组学生做比较，而是将学生与他们自己做比较。他们将学生在Zearn Math应用程序中被留在当前年级水平并学到其他解题方法后的表现，与同一批学生在被调离当前年级水平、进入补习轨道后的表现做了比较。

如果你以教育者、父母或看护人的身份与孩子们相处过一些时间，就会知道孩子们会因为受到的刺激不同而有不同的表现。在这个模型设计中，我们能看到同样一批孩子在被留在当前年级水平并学到其他解题方法后，和被调离当前的年级水平并按传统方式补习功课后，有什么不同的表现。

尽管我们是在回应列维特的挑战，并试图证明情况没有出乎我们的预料，但获得的发现仍然让我们大为震惊。人们经常用“让我从椅子上摔了下来”来表达震惊，我一直不明白这个表达从何而来，直到我在看到分析结果后从椅子上摔了下来。那是一把摇椅，当时我把胳膊肘支在桌子上，双手托着头。看到分析报告的初稿后，我震惊得身体猛地一动，椅子随即向后翻倒。我“砰”的一声摔在地板上，头撞到了桌子。让我震惊到摔倒的原因是：与回去补习低年级的内容相比，向同一名学生展示其他方法后，这名学生再遇到学习困难的可能性更低。此外，因为这些学生留在当前年级水平，所以他们自然完成了更多的当前年级水平的内容。

记住，学生们被调离当前年级是为了让数学对他们来说不那么困难，但效果适得其反，他们遇到了更大的困难！这完全违反了直觉。根据迄今为止所做的研究，我们只能猜测其中的原因。也许是因为学生感到气馁，感到耻辱；也许他们本来正在苦思冥想面前的数学题，现在却做着全然不同的数学题，这让他们困惑不解。如果告诉他们，他们的水平还不足以解决正在让他们为难的这些问题，这也许就会变成一个自证预言。

假设一个七年级的学生正在学习负数。在她（第一次）学习负数的同时，又遇到了小数运算。这位学生的小数运算学得不是很好，因为她是在受疫情影响的那几年里学的。老师在学习负数的课上设定了一个背景：我们从山上（正数）下来，经过海平面（0），然后潜入海洋（负数）。但是在看到 1.4 ÷ 2 这道题后，这名学生被卡住了，不知道该怎么办。一种补救方法是让她回过头，花几周时间复习四年级和五年级学过的小数知识。她可能会做一些说出小数十分位、百分位和千分位的练习，或者连续几周做一页又一页的小数除法练习题。在这段时间里，她会完全停止学习负数。

现在让我们换一种做法。

在这个七年级学生被 1.4 ÷ 2 难住后，我们可以用下面的办法向她展示这个问题。14 ÷ 2 是多少？7。正确，很简单。接着，我们可以告诉她，小数运算和整数运算完全一样，所以你已经很接近理解这道题了。在这个时候，许多学生不需要更多的提示，就会说出答案是 0.7。有些学生可能需要更多的指导，才能理解小数点的含义。我们还需要提醒这些学生，无论我们处理的是整数还是小数，十进制的所有规则都适用。其他方法不一定复杂，只要略微鼓励孩子们做出另一种尝试，就能让他们大步前进。

睡一觉再说

睡觉似乎不是一种积极的尝试，但它可以帮助你的头脑变清醒，让你渴望重新开始做那道题。或者暂时搁置这道题，去做些别的事情，你的潜意识会继续工作的。上大学期间，有一天，我正在写一篇哲学论文，但是脑子一片混乱。这篇论文要讨论的是前苏格拉底哲学家之间的争论：宇宙是由元素组成的，还是由原子和虚空组成的。我的任务是挑选一位哲学家，剖析他的论点，证明他是错的。那天我是哭着上床睡觉的。那一年我上大一，冒充者综合征让我不知所措。我认为自己肯定会一败涂地，我必须给父母打电话，告诉他们我让他们失望了，然后退学。第二天早晨，我奇迹般地醒得比同学们早。更不可思议的是，我一醒来就知道了答案，随后一切都很顺利。要反驳我选择的那位前苏格拉底哲学家的断言，一个办法是指出无限与永恒是不同的。这位前苏格拉底哲学家把两个概念互换使用，让我误以为它们是一样的，而这个伎俩是这位哲学家的论证过程的关键。那天晚上，我的大脑终于理顺了思路。我走到电脑前，敲出了答案：无限是指空间和时间，永恒仅指时间。众所周知，许多名人晚上都会在身边放上纸笔，以便记录下深夜的头脑风暴（我也试过，但是没有取得惊人的效果，这一点大概是因人而异的）。

当我和人们说起应该尝试不同的方法以继续前进而不是后退时，对方的反应往往分为三步。第一步反应：嗯？我不明白你说的这些。如果我说得再详细一些，就像我们在前文做的那样，对方就会做出第二步反应：肩膀放了下来，面部也松弛了。我认为这是因为在内心深处，我们都知道直觉是关键，不必为了成功解决问题而压制直觉。换句话说，解决问题是我们天生擅长的。最后的第三步反应：微笑。当接收到这一反应的时候，我是最开心的。是的，解决问题很开心，但前提是我们都记得有时我们需要换一个方法继续尝试。事实上，尝试不同的方法本身就能让我们享受乐趣。

第 8 章

精准练习：让数学学习更高效

大约 10 年前，我从一个小男孩那里听到这样一句充满智慧的话："世上没有所谓的聪明，只有努力。"

这个聪明孩子的母亲在加入 Zearn，领导我们的教学方法研究后告诉我，我经常说的"天才"是一个很糟糕的词。她是对的。虽然在其他领域我们会赞扬人们的努力，但在 STEM 领域，我们谈论的主要对象仍然是孤独的天才，而不是努力的团队或个人。事实上，在 STEM 领域，过于强调对天才的崇拜，以至于努力常常被认为是一件可耻的事情——如果不是轻而易举地得出答案，就说明你根本不属于这个领域。

这种说法并不完全出于偶然或误解，有人在背后推波助澜。这些人可能会故意把书留在学校里，还放在显眼的地方，而不是把书带回家学习，目的是让其他学生相信他们没有付出努力就取得了成功。事实上，他们家里也有这本书。有一个故事彻底改变了我对神秘的孤独天才的看法。米开朗琪罗是文艺复兴时期最著名的艺术家，他为西斯廷教堂画过天顶，雕刻过《大卫》。他小心翼翼地保护着自己的素描作品，从不出售，也不允许它们流传。当他意识到自己即将离开人世时，他把他在罗马工作室的所有素描堆成两堆，然后一把火烧了个干净。[1] 因此，他的素描几乎没有留存下来。文艺复兴时期艺术家的传记作者乔治·瓦萨里认为，米开朗琪罗这样做是为了保持自己的完美光环。

这个被人精心营造过的说法可以让我们为自己在科学或数学上的失败找到借口：如果成绩不佳，那是因为我们天生就不出众。更有甚者，听到孤独天才的说法后，我们不会深入思考，而是直接接受，因为它被反复提起，我们随时随地都有可能听到。但接受这些迷思要付出代价。它会阻碍学生从事科学、技术、工程和数学方面的职业，是导致STEM人才输送管道密封不严的原因之一。[2] 在大学一开始就宣布主修STEM专业的学生中，有30%~50%的人在3年内转到了非STEM专业。这一数字在女性、黑人和拉丁裔学生中要高得多。[3] 很多人灰心丧气，是因为他们认为天赋才是成为成功科学家的唯一途径，而不是努力。

事实上，数学成就就像在任何工作中取得的成功一样，取决于努力。但不是任何努力都会取得成功。数学需要的是有的放矢的练习。目的明确的练习不仅可以帮助人们提升数学水平，而且可以从中获得更多的乐趣。

传播信息

为了鼓励有的放矢的练习（我稍后解释它的含义），我们需要通过故事来说明这样的练习有什么好处。这些故事应该有教育意义，告诉人们练习是不可或缺的。宾夕法尼亚州立大学的研究人员在一项研究中发现，讲述通过努力、奋斗和练习在STEM领域取得成功的故事，而不是将成功归因于遗传异常（比如，天才基因），会激励年轻人留在这些领域。[4] 正如一位研究人员所说："综合结果表明，如果你认为某人的成功与努力有关，要比天命所归的天才取得成功的故事更有激励作用。"[5]

例如，研究人员分享了托马斯·爱迪生一次又一次失败的故事，以及不知名科学家（其实是虚构的人物）历经艰辛勉强获得成功的故事，并将这些故事与天才爱因斯坦的故事产生的效果做了对比。结果表明，考虑进入STEM领域的年轻人更容易被协同努力的故事所激励。努力或者说勤学苦练可能是苦差事，是浪费时间，也可能富有成效，让人心满意足，甚至可以是乐趣。在没有被围绕成就的诸多迷思和焦虑所笼罩的领域，练习也没有那么多包袱。学数学时，我们需要克服很多关于练习的原有想法。但是，和所有领域一样，要在数学领域取得成功，我们必须练习。

你可以在几天或几周内集中精力学会一些东西，例如法式发辫或跳绳（这是我个人希望掌握的两项技能）。有的技能需要几个月或几年的时间来学习，比如精通一门外语、识字或提升数学能力。新的学习无论简单与否，都需要练习。正确的练习不仅是必需的，还可以加快学习过程。心理学家安德斯·艾利克森称之为“刻意练习”。[6]

在《刻意练习》这本书中，艾利克森将刻意练习定义为旨在提高表现、需要付出努力且有意为之的活动。[7]它有五个要素，分别是设定具体且有挑战性的目标、集中注意力、即时反馈、重复和逐步改进。他研究了一些成就非凡的人士，比如拥有超强记忆力的人和世界级的音乐家。正如马尔科姆·格拉德威尔所说的，获得专业知识需要大约1万个小时的练习，而这个著名论断就源于艾利克森的研究。[8]

一些研究还将世界级表演所需的练习与教授和学习任何东西所需的练习联系到了一起。认知科学家丹尼尔·威林厄姆（他将最新的脑科学研究成果转化为教师和学生可以在日常练习中使用的想法）有相关的见解。[9]正如他所说：“记忆是思考的灰烬。”（我们在办公室里准备新的数学课时，经常引用这句话。）威林厄姆让我们思考，为什么我们经常忘记自己去厨房拿什么，却能记住多年前的广告歌。他说：“要教得好，就必须重点关注布置的作业真的会让学生思考什么（而不是你希望他们思考什么），因为那将是他们记住的东西。”

第一次读到这篇文章时，我的思绪飞回到二年级。那一天发生的事对我来说一直是一个谜。老师给了我们每个人一个干净的小型婴儿食品罐，里面装了一些鲜奶油。我们拧上盖子，然后她再把盖子拧紧。接着，她让我们使劲摇晃罐子，并且播放舞曲，让我们动起来。

我记得所有同学都上蹦下跳，在教室里跑来跑去，用力地摇晃罐子。每次我们准备停下来时，老师都鼓励我们继续摇下去。任务似乎永无止境。因为摇晃罐子，我的胳膊都开始疼了。最后，当盖子打开后，我们发现婴儿食品罐里的鲜奶油都变了样，有点儿像搅过的黄油。有一点可以肯定：我可不想吃那些东西。

我一直不明白，为什么我们要这么做。我试过很多次，想推断出这堂课要干什么。有时候，我告诉自己，这堂课一定是关于清教徒和印第安人如何为感恩节搅拌黄油的。有时候，我会想，那一定是一堂关于物质状态的科学课。最后，我又猜测我们是不是在为了制作黄油而摇罐子。这件事给我留下了难以磨灭的记忆，也让我知道，通过摇奶油来制作黄油是一件极其困难的事情，尤其是当你只有 7 岁的时候。但无论老师希望教给我们的是什么，我都没有学会。

数学练习中也充斥着“摇奶油”的现象。学习数学时，学生经常需要做一道又一道不相关的题目，而且没有即时反馈的机会。数字化教学的反馈通常是即时的，但是我见过无数机制十分复杂的数学练习游戏，这些游戏更关注学习者的得分（如射击鸭子所需的精度或喂鱼所需的灵巧），而不是数学本身。我还发现一些练习活动有非常长的间歇，让人迷惑不解。现在我只记得那些漫长的间歇，却不记得学习的数学内容。在一些练习网站上，我看到漫画人物在抓屁股或者洗碗，同时还在播放不相关的声音，比如摇沙槌的声音。我不明白这些举动的意义是什么。

你可能会想："那又怎么样，这只是一个游戏。"但是，如果练习的"乐趣"部分占据主导地位，就会让学习者无法把注意力集中在他们正在练习的事情上。此外，错误的练习对大脑是一种负担，也会影响学习。这些游戏中最糟糕的地方是胡乱猜测（也就是说，答错数学题）也能得分！需要忘记错误的数学知识比从来没有学过这些知识更糟糕。

想想忘记一些东西有多难。不知何故，我始终没有掌握lose（失去）和loose（松开）这两个词的区别，所以我总是把它们弄混。同样，我的一个儿子总是弄混东、西这两个方向。我们住在纽约市，他认为那是西海岸。当我们说到西海岸，或者指向西边，说那是太阳落山的方向；或者我们指向东边，说那是大西洋所在方向的时候，他都会感到困惑。现在，他已经克服心理障碍，知道太平洋在美国的西边。但是因为"记忆是思考的灰烬"，他需要忘掉大西洋在纽约西边这个记忆，然后重新学习大西洋在纽约东边这个事实。这是一个沉重的精神负担。

通过在现场教学观摩和利用数字化工具收集的信息，我发现有两个主要原因会导致练习纯属浪费时间。第一个原因是"摇奶油"：学习活动让我把太多的注意力放在了我不应该学习的内容上；第二个原因是练习的强度让人难以承受。无论是精英运动员还是少年棒球联盟的运动员，都不会通过一次又一次地打满整场比赛来提高自己。音乐家不会通过反复演奏整首曲子来取得进步。相反，他们专注于任务中需要改进的个别地方，以取得进步。这就是为什么顶级棋手会认真研究开局和终局，而不是在不明确的中局阶段下苦功夫。练习的关键是在任务中找到合适的、有利于进步的那些部分。

在音乐领域，我们经常看到新手或进步较慢的学生可以快速完成一首曲子中简单的部分，但是在较难的地方磕磕绊绊。在学习新曲目和全面提高音乐能力方面进步更快的音乐家的练习方式有所不同。他们在第一次接触一首作品时，会先找出困难的部分，然后侧重练习这些难点，以便尽早掌握。因此，当他们练习整支曲子时，从头到尾都很流畅。

注重练习方法的音乐家不仅会把难点部分分解成小块来学习，他们也会把整首曲子分解成若干部分，逐个学习。如果只是简单地从头到尾练习整首曲子，他们的大脑就会不堪重负，无法有效地学习。如果还没有掌握难点就开始练习整首曲子，练习时就有可能出现错误，到最后你还得忘记这些错误（就像忘记大西洋在纽约西边这个错误一样），因此你也就需要更多的时间才能熟练掌握这首曲子。

数学同样需要分解，然后分别练习。一遍又一遍地重复几小节音乐可能听起来很无聊，但是，练习必须分解得足够细，才会有所帮助。然而，这并不意味着练习一定会机械乏味。

现在，让我们假设作业本上有以下这些题目。

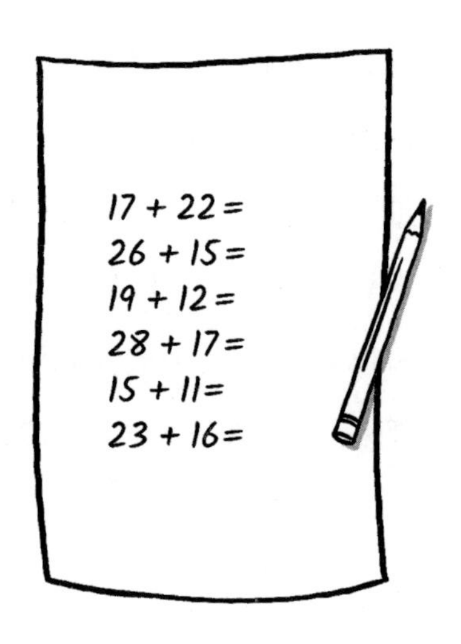

下面是这些问题的答案。

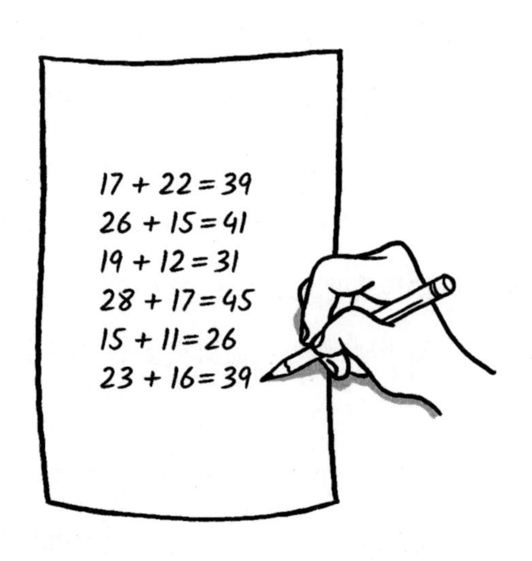

你能看出这些题目设置有什么目的或者规律吗？完成这些题目是要学习什么？你做的是两位数加法，其中一些问题需要在个位上进位。这些题目唯一的目标就是练习加法。

接下来还有三组问题，请先看第一组问题。

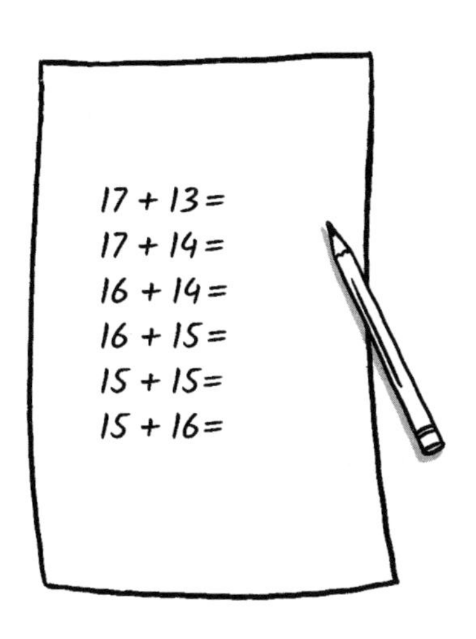

下面是第一组问题的答案。

再看看第二组问题。

第二组问题的答案如下。

最后再看第三组问题。

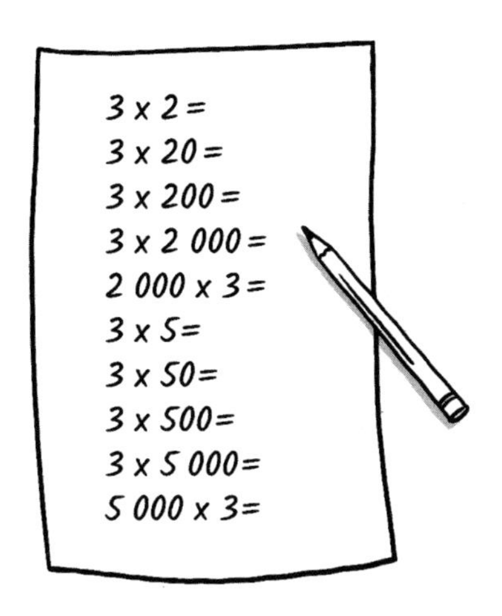

答案如下。

与之前的题目相比，你认为这三组题目的目的是什么？第一组题目的目的可能是利用和为 10 的两个数（例如 3 和 7、4 和 6、5 和 5）预热你的大脑，为接下来解答更难的加法题做准备。它可能表明了一种策略：看到 17 + 14，你可以在脑海中把它变成 17 + 13 + 1。你可能还会考虑有多少种方法可以得到 30 和 31。一旦发现规律（答案都是 30 或 31），你甚至可能露出笑容。你在做题的同时，也在练习加法。

第二组题目的目的可能是提醒学习者数学是可以自学的，也就是说，你可以检查你做的这些题，确保答案是对的；判断自己有没有答对并不依赖于他人的判断或权威。成年人和孩子在形容他们对数学的热爱时，会提到自我纠正的强大力量。我曾观察孩子们做这组题，他们在解答 35 + 25 这道题时答错了，但是在看到 60 –25 这道题后，他们又回过头，纠正了前面两道题的答案。因此，在做这组题时，孩子们是在练习加法和减法，同时还在学习它们之间的关系。通过观察问题和答案之间的关系，他们无意识地练习了数学固有的“检查作业”策略。

第三组题目是让孩子们练习乘法和熟悉数字 0（我们在数学中称之为“位值”）。看看乘积，我们发现随着 3 乘越来越大的数，0 也越来越多。儿童（和成人）需要花一些时间熟悉 0，体会这些数字之间的等级差异。3 × 2 和 3 × 5 序列中的最后一个问题要求学习者记住乘数互换位置后有什么变化——没有任何变化！ 3 × 2 000 = 2 000 × 3，这被称为“交换律”，但与其讨论它或学习如何拼写它，不如直接在练习时使用它。

在人类世界，模式和结构随处可见，我们喜欢在艺术、建筑和音乐中寻找模式和结构。我们喜欢模式，就像我们喜欢甜食的味道，这是我们的天性。通过呈现模式，练习可以实现更多目的，更有吸引力。这就像解谜，让我们愉悦。正如我在引言中所说，它能抚慰心灵。这是一件美好的事情。我们可以把这种美好赋予数学练习本身，让它有一个更高的目标，并激励孩子们去实践。因为如果我们不练习，就无法重塑大脑，塑造出拥有良好数学能力的大脑。

如果我们花时间练习数学（或者做任何事情），就应该好好利用这些时间。想想前面的 4 组练习。即使它们没有让你静下心来，也没有吸引你去享受这些模式，后 3 组练习中的每个问题也能让你学到更多的东西。在我们这个充满竞争和挑战的世界里，时间是宝贵的资源，我们的练习题必须实现多个学习目标。任何事物都需要练习，数学也不例外。我们要么通过有的放矢的练习收获更多成果，要么把练习变成苦差事。

语言练习

我们已经讨论过，培养数学的解决问题思维（从学前教育到代数学习）与语言学习相似。这种相似性还可以延伸到练习。我们通过练习来发展自动化语言，直到可以不假思索地使用。假设你学了一个新词：进取心。进取心是勇气和主动性的结合。你总是听到这个词，你在脑海中练习使用这个词，很快，你就能在句子中使用它，甚至没有意识到要这样做。在你说话的时候，它就会从你的嘴里溜出来，直到说过之后你才意识到使用了这个词。

同样的情况也发生在数学上。我们从多项研究及Zearn Math平台的数据中收集的大量证据可以证明，对幼儿来说，加法比减法更容易。如果你问一个小孩子：“6 + 2 等于多少？”她会回答：“8！”她说出这个答案所用的时间比回答“7 – 3 等于多少”所用的时间要短得多。此外，回答减法问题时，小孩子可能不那么确定。

为什么减法比加法难得多呢？这是因为，我们在和孩子一起练习数数时，向前数的次数比倒着数的次数要多得多。如果你做过手术，可能有过麻醉师让你从 100 开始倒数的经历。他们之所以这样做，是因为倒着数需要集中注意力。这有两个好处：首先，它会让你忘记对手术的焦虑；其次，它可以让麻醉师监控药物起效的速度。从 100 开始倒数需要花费一些心思，而正着数到 100 则不费力，其中的原因就在于练习，或者说缺乏练习。

孩子们在第一次做加减法时，使用的策略之一就是“数数”。计算 6 + 2 时，他们会从 6 开始，在心里或掰着手指头数：6、7（1）、8（2），他们能立刻记起 6 后面是 7 和 8。但是在做减法或者倒着数数时，他们就不能立即回忆起 7、6（1）、5（2）、4（3）。有一个好办法可以培养幼儿做加减法的技巧和能力，让他们享受其中的乐趣，那就是从任意数字开始练习正着数和倒着数。例如，我们应该让数数更多样化，不仅练习 1、2、3、4、5，还要练习 17、16、15、14，等等。

再想一想大写和小写字母。在美国许多幼儿园或有小孩的家庭里，你会看到墙上挂着印有大写字母的海报。但是大多数著作中，绝大多数字母都是小写的。多年来，我的桌子上一直贴着一年级老师为我制作的一张便条，上面的字母b、d、p和q一目了然。从不练习倒着数数、很少让幼儿练习小写字母，以及诸如此类很难理解的决定都是要付出代价的。

我每年都会从工作中收集到更多可以证明所有孩子都能学好数学的证据。每年都有数以百万计的学生在我们的网络应用程序上解答数学题，截至目前，学生们的答题总数已经达到140多亿道。通过分析这些学生，我们发现学习和练习数学能产生巨大的影响力。如果学生每周完成3~4次或每周完成90~120分钟的数字化课程，无论他们的起点、种族或性别是什么，他们的理解能力都会提高。事实上，最努力的学生收获最多。[10] 数学是一门语言，只要有的放矢地练习，你就能学好。练习让数学变得很直观，能帮助你塑造计算思维。

第三部分

改变命运的力量

这些都是我们的孩子，
他们的成长要么让我们受益，
要么让我们付出代价。

——詹姆斯·鲍德温

数学素养将成为人们摆脱贫穷、
解放自己的工具和不甘落后者的最大希望。

——罗伯特·D.“鲍勃”·摩西

第 9 章

决定命运的方程式

最近 30 年，年轻人的梦想和职场现状都发生了巨大的变化，数学学得好从可有可无变成一种必需品。但是，我们教育孩子的方式并没有改变。在孩子们的梦想尚未完全成形之前，我们就将它扼杀了。我们必须停止这种行为。

长期以来，有很多职业是儿童和年轻人梦寐以求的，比如医生、教师、兽医、消防员、舞蹈家、飞行员、警察。但是如今，他们的理想工作也出现了一些新的选择，比如信息技术领域或社交媒体红人。2018 年，一项针对美国等 41 个国家的学生的调查发现了一个波及全球的变化：几乎所有年轻人的职业期望都要求他们接受高等教育，很多人还需要获得高等学位。[1] 在美国，能否在 K–12 阶段完成代数学习是能否被大学录取和从大学毕业的风向标。换言之，在不知不觉中，数学学得好变成了现在的孩子成功实现梦想的前提。

观察当今的市场现状，无论是目前的职场还是考虑未来的职场前景，都会发现一个显著的变化：需要中等学历或技术知识的岗位数量的增长速度要快得多，比如数据科学家或电工。1980 年，大约 50% 的就业人员从事的工作要求具备高于平均水平的资质，比如大学学历或技术证书；50% 的就业人员从事的工作没有这些要求。[2] 现在情况不同了。要求高级资质的工作比没有此项要求的工作增长得更快。今天，大多数人需要高级资质。此外，在雇主希望大学毕业生具备的前六项技能中，有一半与数学思维有关，包括“批判性思维能力”“分析和解释数据的能力”和“熟练解决复杂问题的能力”。[3]

然而，我接触过的许多成功人士仍然认为数学是一种奢侈品，而不是必需品。几年前，我向一位常青藤大学的教授介绍了 Zearn Math 平台。同之前一样，我谈到了我们的主要发现：“所有的孩子都能学好数学，而成年人需要改变策略来实现这一目标。”她打断了我的话：“你肯定认同孩子们可以有很多爱好，比如芭蕾或者足球，对吧？我们应该给这些学生机会。”

她的话把我弄糊涂了。我在向她解释数学为所有人创造了机会，而她却责备我把一些孩子排除在外。我很困惑，不知道如何回答她。我张开嘴想说点儿什么，又一言不发地闭上了嘴。

后来，为了弄明白到底哪里出了问题，我跟一位记者朋友谈起这件事。她告诉我，教授和我对数学的看法完全不同。我认为数学是必不可少的，而且以为教授也是这么认为的。但教授认为数学是一种爱好或特殊兴趣，是众多选择中的一种。也许在很久以前，数学就已经被如此归类了。我们现在仍然可以把数学视为一种爱好，例如我知道有的人会通过心算长除法来放松。

就我个人而言，我从未想过要进入STEM领域工作。我对科学、技术、工程和数学的想法十分复杂。像许多女性一样，我对这个领域的刻板印象是无聊和缺乏创造性。我认为这些工作是小众的，非常高深。但我每天都在创造，包括协助打造我们基于软件的数字化数学课程，为成年人提供互动式专业学习，分析孩子们的数学学习，研究收集到的数据。我的工作一点儿也不高深。对我来说，教育孩子是非常重要的工作。正如我在前文中分享的，我童年时的梦想是帮助他人，以为实现这个梦想需要加入美国红十字会。现在，我帮助他人的方式是在Zearn从事与STEM相关的工作。

也许我成为一名STEM领域工作者具有偶然性（不过，我乐在其中），所以我乐于听到某个领域在发生变化后将STEM和新技术纳入其中的故事。很长一段时间以来，考古学有一个特点：考古发现具有偶然性，而且是靠人力完成的。在偶然发现一些特别的东西之后，考古学家会拿起小刷子和凿子，一丝不苟地工作，一干就是数年。我听过这样一个故事：在法国多尔多涅省，一个男孩和他的狗偶然发现了一个大规模洞穴群，洞里绘有精美的壁画——著名的拉斯科岩洞壁画。[4] 发掘工作自然十分辛苦，但考古学家的运气也非常好。随着STEM领域工作者和新技术的注入，考古学领域发生变化。现在，考古工作都是系统性的。2022年，考古学家使用激光雷达（光探测和测距）技术，扫描了危地马拉北部和墨西哥南部大片难以进入的丛林，发现了一个可能在公元前1000年至公元150年之间建造的城市群和一条100英里①长的道路。[5]很多研究人员认为这是第一个“高速公路系统”，并改变了我们对玛雅文明的理解。

如今，从事STEM相关工作的人比以往任何时候都多。还有一些人像我一样，意外地发现自己身处其中。从事STEM相关工作的人数在美国劳动力中的占比已经达到23%，约为3 600万人。[6]这个统计数据的依据不是学位，而是实际从事的工作——美国只有200万人拥有计算机科学学位。[7] STEM相关工作既赚钱又稳定。美国国家科学基金会发现，与非STEM领域相比，STEM相关工作的工资往往更高，失业率也更低。[8] 25岁及以上从事STEM相关工作的全职员工的年收入中位数接近8万美元，几乎是同类非STEM领域员工的工资中位数（略高于4万美元）的2倍。[9]

可以说，完成数学课程预示着学业和事业的成功，而没有完成数学课程则预示着失败——代数不及格的学生只有20%的概率完成高中学业。是的，代数不及格的学生中有4/5没有完成高中学业。[10]完成大学或其他选择性职业培训的年轻人能显著提高他们的收入潜力。最近的一项研究发现，美国高中毕业生的平均年薪为3万美元，而大学毕业生的平均年薪为5.2万美元，比前者高出70%以上。[11]我们甚至可以看到完成特定数学课程对未来工作收入的影响。早在2001年，希瑟·罗斯和朱利安·贝茨两位教授就发表了一项题为《数

① 1英里≈1.61千米。——编者注

学很重要》的研究，指出完成课程和收入之间存在某种联系。[12]例如，二人发现，即使在高中毕业10年后，完成微积分课程的人的收入也比那些只上过职业教育数学课的人的收入高65%。无论种族、性别和其他人口统计特征如何，都不影响这个数据结果。

新冠疫情对K–12阶段的数学教育和成绩产生了负面影响。在学校停课后，NAEP的数学成绩出现了有史以来最大的滑坡。NAEP 2019年的数据显示，在过去几十年里，美国学生的数学成绩略有提高，这意味着只有40%的四年级学生和33%的八年级学生的数学达到了精通水平。[13]疫情暴发后，八年级学生的数学平均成绩下降了8分，降至2000年以来的最低水平。2022年，八年级学生数学达到精通水平的比例从33%下降到了26%，这意味着美国的八年级学生曾经有1/3达到精通水平，而现在这个比例是1/4。四年级学生的数学平均成绩下降了5分，与2003年的水平相当。疫情让20年来数学学习取得的进步毁于一旦。

佩格·泰尔从高等教育的角度研究了美国的学生培养工作，并在《大西洋月刊》上撰文指出，2003—2009年，近50%攻读STEM相关学位的学生最终放弃了，因为他们发现自己没有成功获得学位所需的定量背景。[14]因此，在美国坚持学习数学和STEM相关学科的人通常是外国人。2019年，超过50%的计算机科学博士生来自国外，临时签证持有者占科学和工程博士学位获得者的近40%。[15]

这是一个严重的错位。教育成就（尤其是数学成绩）的提升速度并没有美国年轻人雄心壮志的增长速度快。数学成绩也没有像今天的就业市场所要求的那样快速提高，更不用说未来的工作需要了。我们可以改变这种状况。虽然培养未来的劳动力有很多手段，包括提高社交和情感技能，但确保所有孩子都能在K–12阶段学好数学是必不可少的。然而，令人失望的是，针对这一点仍存有争议。数学仍然只属于那些数学小能手，而不是所有人都能驾驭的。

今天，数学是我们这个世界的语言，但有的人会说数学语言，有的人不会说数学语言。没有数学能力的人被剥夺了理解生活和社会的重要工具，也被剥夺了重要的机会。在数学学习上取得成功预示着许多积极的结果。我们不应自欺欺人，但在数学教育中，我们都在装聋作哑——也有人称之为“错觉”。我认为我们缺少了两组信息：一是好工作到底需要多少数学能力；二是数学能力与日常生活有什么关系，是否有助于你成功地驾驭人生。

在你认识的成年人中，也许就有人不会管理自己的收支，也不会计算餐馆账单需要付多少小费。也许你对报税或制订储蓄计划头疼不已，也许你看不懂保险账单，或者无法理解新的金融法律法规的含义。

我们生活在一个金融知识无比重要的世界。在美国，大多数人退休后都能领养老金的日子已经一去不复返，学习如何为退休生活存钱需要具备相当的数学预测技能。考虑到岗位工作年限缩短很多，而且打零工（没有固定的薪水）的人所占比例更高，控制生活预算的难度也更高了。人们还会在网上投资，而不是把钱放在储蓄账户中或交给经纪人打理。因此，你需要更多的数学知识，才能分辨优质投资，避免上当受骗。

想想 2007—2008 年的金融危机，这次危机也被称为“大衰退”和“全球金融危机”。[16] 这一事件被冠以如此戏剧性的名字是有原因的。2007—2010 年，美国家庭的资产净值中位数从 12.64 万美元急剧下降至 7.73 万美元，使美国家庭的生活质量倒退回了 1992 年的水平。引发这场危机的一个主要原因是可调利率抵押贷款（ARM）出现大范围违约。在美国，购房者可以申请 30 年期的固定利率抵押贷款。一般来说，购房者先付 20% 的首付款，再向银行借 80% 的购房款，然后每个月向银行支付利息和本金。如果一个人买了一套价值 20 万美元的房子，他需要先付 4 万美元的首付款，再向银行借 16 万美元。如果 30 年期贷款的固定利率为 5%，他每月需要向银行支付 859 美元。因此，即使一个家庭没有 20 万美元现金，也可以拥有自己的房子。

但在金融危机之前，贷款机构尝试了新的贷款结构，公众、监管机构，可能甚至连贷款机构都没有足够的数学直觉来正确评估新的贷款结构。（在 2000 年、2003 年与 2005 年，美国八年级学生 NAEP 数学成绩达到精通水平的比例分别是 26%、29% 和 30%。）当时，银行提供可调利率抵押贷款交易，优惠的先期利率非常低。例如，一笔贷款第一年的利率是 1%，第二年和第三年的利率是 2%，然后每一年的利率都会在前一年利率的基础上提高 10%。这意味着同样是为购买 20 万美元的房子而申请的 16 万美元的贷款，第一年的月供是 515 美元，第二年是 591 美元，直到有一天，月供变成了

1 404 美元。从这一天起，你开始出现违约。在全球金融危机期间，600 万美国家庭因丧失抵押品赎回权而失去了住房。许多人都没有意识到，他们住在自己负担不起的房子里。同时，因为有 600 万房主违约，导致整个金融体系被拖垮，说明美国社会从上到下都有灾难性的数学理解问题。

当我向一位企业高管分享了一些统计数据，说我们在孩子的数学教育方面做得很差时，他回答说："这就是人们会被骗钱的原因。"他指的是人们遭遇投资欺诈和其他诈骗。他说得对。如果我们让全社会的人普遍具备数学能力，人们就能彼此保护。事实证明，如果用金融知识课程作为对普遍数学能力的补充，而不是将其取而代之，也是有帮助的。例如，教授保险或抵押贷款如何运作的课程要求学习者具备很强的比率和百分比应用知识——这些概念应该在七年级和八年级就掌握了。

很多问题看似无关，其实是我们没有给孩子们提供良好教育（尤其是良好的数学教育）导致的结果。反过来，如果我们培养出有数学能力的一代人，许多问题都能被解决。人们的数学能力越强，越有可能解决环境、技术、健康和其他社会问题。释放每个人的潜力，不仅会增加可以解决紧迫问题的工程师的比例，还会打破 STEM 和其他专业领域之间的壁垒，使每个人都有能力参与他们周围的技术和定量问题，使不同的知识领域可以开展合作。

毫无疑问，很多技术创新都是肤浅的，被错误地贴上了"创新"的标签。但是要解决我们最困难的问题，技术和科学的突破不可或缺。例如，绿色溢价是扩大风能和太阳能等可再生能源规模的主要障碍之一。这个术语的大概意思是，在许多情况下，使用绿色能源比使用化石燃料成本更高。正如比尔·盖茨在他的《气候经济与人类未来》一书中所说："罪魁祸首是我们对可靠性的需求，以及可再生资源的间歇性问题。"[17] 我们不会一天 24 小时都有太阳光和风，但我们一天 24 小时都在用电。因此，要有效且高效地推动可再生能源的发展，最难解决的问题是当太阳能或风能不足以为我们的电网供电时该怎么办。一个可能的廉价办法是大型电池。如果我们能够解决技术上的难题，制造出大型廉价电池或利用其他方法来储存多余的太阳能和风能，就可以扭转局面，使可再生能源比化石燃料更便宜。

如果有一支具备数学和技术技能的年轻人队伍来探索和处理可再生能源问题，我们就能更快地解决这个问题。许多气候和能源问题都是创新问题。我们非常需要更多接受过数学教育的人来寻找新的答案。就像电池、治疗癌症、减少收入不平等、让每个人都能喝上干净的水等问题一样，每个目标都有需要解决的创新和技术挑战。

虽然我是一个数学传播者，而且我用于思考和解答 K–8 阶段数学题的时间超乎你的想象，但我知道数学不是万灵药。然而，学好数学是我们当下取得成功的关键因素。在这样一个比以往任何时候都更需要批判性思维和解决问题的能力的时代，数学提供的知识和技能尤其重要。

我曾经梦想听到领导人和政治家们热情洋溢地谈论数学教育，也曾为本应有所行动却无动于衷的局面而哀叹。但现在，情况开始发生变化。

2022年冬天，在数学教育领域工作了10多年后，我观察到一个变化。以下是我汇总的一些领导人对数学教育的看法。

“让每个孩子，无论种族和收入高低，都有机会接受优质教育，是我们这个时代的民权问题。”

“它曾经让我们成为世界上受教育程度最高、准备最充分的国家，但是现在世界各国都已经赶上来了。”

“尽管影响学生发展轨迹的因素有很多，但有证据表明，在数学学习上取得成功对他们来说极其重要。”

“为了帮助学生提高成绩，我们提议对高质量的数学课程和培训增加新的投资，以确保我们的教育工作者得到他们所需的支持，帮助所有学生茁壮成长。”

“小学数学明显达不到精通水平的学生……肯定学不好代数……我们现在依赖于孩子们的学习……更不用说我们对体系中550万人的道德义务了，我们必须尽全力支持他们。”

这种热情是必要的，而且我们需要更多的热情。我们必须引导这种热情，使广泛培养数学能力的努力取得卓越成效，这将丰富所有人的生活，建立一个健康、成功和数学知识丰富的社会。现在，我们迫切需要数学能力。

第10章

培养新一代数学达人

每个人都将为创建数学社会发挥自己的作用，你可能是家长、教师、学校管理者、体育教练、记者、电影制作人、企业领导人或政策制定者。但要实现这一目标，数学能力革命需要有与全球扫盲运动比肩的激情和目标。在美国，“密西西比奇迹”的故事[1]和轰动一时的播客《卖故事》[2]激发了人们学习的兴趣。激发人们兴趣的是一个迷人而可信的想法：所有的孩子都可以学习并热爱阅读。而说到数学，我们需要更多的流行文化试金石来讲述救赎的故事——历尽艰辛最终成功的孩子；尽管当年不是数学小能手，如今也能在依赖数学的工作中发展势头良好的成年人。我们需要商界领袖和政治家就数学教育对我们的孩子来说是多么重要，而且学好数学并不是那么遥不可及发表看法。教育工作者和家长需要提供适当的支持，以激发学生的热情和好奇心，而不是让他们对这门学科失去兴趣或心生怨恨。

也许现在你已经参与其中了，但你还会有疑问："我该怎么做？"下面，让我们从每个人最初学会学习的地方开始：家。

如何培养一个热爱学习数学的孩子

从营养到金钱观念，家庭的行为模式会对孩子产生深远的影响。从父母、兄弟姐妹到姑姨、叔伯和祖父母，家族中所有人在数学方面的言行都会影响孩子对数学的态度和能否学好数学。我和我的两个堂兄弟一起读的大学，他们帮助我度过了大学生活，例如帮助我根据自己的兴趣选择课程，在我申请双学位时给我建议。我们自己选择的"家人"也很重要。在我的成长过程中，我的父母组建了一个由亲密朋友构成的"家庭"，他们都是在20世纪六七十年代从印度移民过来的。这些叔叔阿姨中有几人对我来说就像血亲一样重要，他们帮助我培养学习者的自我意识，即使我是班上为数不多的女生之一，他们也鼓励我学习高等数学课程。他们的支持增强了我的勇气。

如果你是家长，你可能没有意识到你的言行会影响孩子，会在不经意间让他们觉得自己学不会数学，或者认为学数学是苦差事。《辛普森一家》中我最喜欢的一幕是巴特·辛普森的妈妈玛姬和斯普林菲尔德学区负责人之间的对话，面对负责人关于"我们有理由相信你儿子在贩毒"的质问，玛姬答道："贩毒？这不可能，他没有那个数学能力。"[3]

作为家长，你可以鼓励你的孩子，并采取具体行动，帮助他们发挥出潜力。我们的目标不是把孩子变成数学专家，长大后去证明还没有人成功证明的数学难题，比如黎曼假设。（如果证明黎曼假设，就有可能揭示素数的模式……还能获得100万美元的奖金。[4]）相反，我们的目标是为孩子提供环境和支持，培养他们欣赏和理解数学的能力。

有很多工具可以帮助家长实现这个目标，但让我们从第一个先决条件开始：积极的数学意识。也就是说，不能让我在前文讨论过的那些误区影响我们看待数学的思维模式。更具体地说，我们必须理解关于数学的三个基本事实。当我们的孩子在考试中遇到困难或者在做家庭作业的过程中需要帮助时，我们要记住这些事实。

第一，与困难做斗争是数学学习的一部分。如果你的孩子在完成作业方面有困难，不要惊慌。犯错也是正常的。数学是很有挑战性的，即使最有数学激情的人也会算错。想一想，如果你的孩子在垒球练习中三振出局或打了一个地滚球，你是不会说她不擅长垒球，应该放弃的。我们必须接受一个事实：错误不是评估孩子能否成功的标准，而是学习过程中不可避免的有益环节。如果课外小组的练习不顺利，你如何鼓励孩子继续参加？你是让他们放弃，还是为他们展望前景？你是同情他们、溺爱他们，还是会因为他们正在学习宝贵的人生课程而心怀感激？请把所有这些思维模式和策略带到孩子的数学学习中。

第二，再说一遍，所有孩子都能学好数学。根据10年来创建

Zearn Math并帮助数百万学生解答140多亿道数学题的经验，我知道这是真的，即使是落后于同学、被归类为低于年级水平的学生也能学好数学。通过年级水平的学习和及时的基础学习支持，落后的学生能够赶上他们的同学。就像每个人都可以学会阅读一样，每个人都可以学会数学。这个事实应该能帮助你以积极的态度展望孩子的前景，而孩子们能清楚地感觉到你的态度。

第三，数学达到精通水平是在当今社会取得成功的先决条件。数学是我们这个依赖科技的数字化世界的语言。在经典电影《佩姬·休要出嫁》中，一个令我难忘的场景是凯瑟琳·特纳饰演的主人公认为代数毫无用处。[5] 我无法解释为什么那个场景一直萦绕在我的脑海里，但是在拍摄这部电影的1986年，这个观点就是错误的，现在更是大错特错。数学能力对每个人都是必不可少的。

记住以上三个事实，你会发现实施下面的建议会更容易。

1. 简单点儿。数学无处不在，你可以用无数种方式向你的孩子展示数学。例如，可以玩纸牌和棋盘游戏，不管是大富翁、金拉米纸牌游戏、滑道梯子棋，还是我们家最喜欢的拉密牌。许多棋盘游戏和大多数纸牌游戏都需要数学，所以选择一些你和孩子喜欢的游戏，让它们成为家庭生活的一部分。不要想太多，当然也不要说太多。游戏之夜一旦变成说教的课堂，就会索然无味。玩游戏就是要享受乐趣，让孩子们在计算他们是否有足够的钱在马文花园再买一栋房子的过程中，自然地学习和享受。

2. 让孩子们参与到自然真实的数学讨论中。不要说教数学的重要性，或者无休止地练习乘法表（也不要试图用甜食来换取他们的顺从）。数学就在我们身边，无处不在——当我们在餐馆付账时，当我们试图计算房间地毯的面积时，或者当孩子想知道他需要多长时间才能攒够钱买一个新玩具时，都要用到数学。在我的双胞胎儿子还小的时候，我们会在周末去农贸市场，我给他们每人10美元，让他们买水果和蔬菜，并在付款前计算好找零。仅仅是掌管现金就足以让他们乐此不疲，以至于他们要求每周都去一次农贸市场。这就是我所说的自然真实——我们需要食品杂货，所以这是一个真实的任务。而如果是假任务，孩子们马上就能察觉，然后就会不开心。

3. 使用高质量的免费资源。互联网是绝佳的数学教学资源，有趣且有效，但你必须有鉴别力。显然，我有偏见——我的孩子用的是Zearn Math。我们会选择成熟的资源。可汗学院是我让他们探索的另一个高质量免费资源平台。要警惕那些还在使用老套的失败数学教学方法的资源。如果孩子们在做四年级的题目时犯了几个错误，那些简单的算法就会让他们去复习二年级的知识，让他们承受精神折磨。要寻找能够在学生犯错误时加以教导，并在他们再次尝试时设置同样严格的挑战的数字化工具，而不是那些消除挑战性，同时扼杀学习和好奇心的工具。

4. 如果你的孩子正在和困难做斗争或者落后了，你一定要与学校合作解决问题。（记住，遇到困难和犯错本来就是学习的一环。）你可以询问老师能否制订一个计划来帮助孩子赶上年级水平，帮助他们“补缺补差”，同时支持他们继续学习年级水平的数学知识，使他们不会进一步落后。是的，这通常意味着在数学上花费额外的时间。

以上这些是“应该做的”，也有一些“不应该做的”。很多时候，家长的本意是帮助孩子掌握数学，但他们没有意识到自己的言行起到了相反的效果。以下是要避免的三件事：

1. 不要对孩子说并不是只有他们不喜欢数学。我知道你只是想让他们在绞尽脑汁地解题或考试成绩不佳后感觉好一点儿。但是，数学的苦难之路是由好意铺成的。如果你的孩子拒绝吃水果和蔬菜，你会对她说其他孩子也不喜欢吃水果和蔬菜，让她在这个问题上感觉好一点儿吗？如果非要说什么，那就说反话。我的孩子还小的时候，我假装每个人都喜欢吃蔬菜，并抢着吃。我告诉孩子，我的朋友常常偷吃我的蔬菜。在学数学的问题上，我们也要采取同样的做法。告诉孩子，每个人都热爱数学。在外面的世界，孩子们会不断听到对数学的负面看法。所以，家里应该来一点儿平衡。

2. 不要让你对数学的不自信或信念影响孩子的学习。如果你讨厌数学，而且学得不好，不要把这种讨厌和无力感传递给他们。尽管我不喜欢我接下来要说的话，但它得到了研究的证实：妈妈们需要特别警惕，不要把自己对数学的不自信传递给子女。研究结果显示，妈妈比爸爸更有可能犯这个错误，这是因为母亲比父亲更有可能认为自己“不擅长数学”。但是，这对你的孩子没有帮助。（或许可以让妈妈们感到安慰的是，妈妈也比爸爸更有可能把积极的学习态度传递给孩子。）

3. 不要说数学是一种特殊兴趣。例如：“你不必样样精通，你在艺术方面已经很强了。数学是只有少数孩子真正擅长的东西。”注意你在谈论数学时的用词。如果你发现自己经常用特殊兴趣之类的话形容数学，就要提醒自己，要像谈论阅读那样谈论数学，告诉孩子数学是每个人都必须掌握和喜爱的一门学科。

教育面临的挑战

说到数学教学，学校面临着其他学科不存在的障碍。学校不仅要与学生的家庭成员（有意或无意）传递给学生的态度做斗争，还要与电视节目和电影中的偏见做斗争。在我前面提到的《佩姬·休要出嫁》这部电影中，成年后的佩姬·休神奇地回到了高中。让我们来看看铭刻在我大脑中的那个场景：

朋友：“佩姬·休，这次考试你复习了吗？”

佩姬·休：“考试！我忘记要考试了！”

考试时，佩姬·休在试卷上乱涂乱画，时间一到就交卷了。

老师："你写的是什么啊，佩姬·休？"

佩姬·休："呃，斯内尔格罗夫先生，我知道以后我根本不会再用到代数了，这是我的经验之谈。"

铃响了。学生们笑着鼓掌。

无数电视剧和电影都在传递同样的信息，这导致了数学恐惧症。数学考试很可怕，佩姬·休吓坏了。在高中毕业后的这些年里，她已经忘记了曾死记硬背下来的所有数学知识——基本前提是，她记住的是一些随机的、毫无意义的步骤。成年后的佩姬·休是一个聪明的有钱人，应该学会了如何应对生活中各种各样的数学任务，比如记账、计算家里房间的尺寸、管理家庭预算。但她并没有对自己说："我知道十进制的基本规则，我知道如何解方程式，所以这次考试我应该试一试。"相反，她宣称数学毫无意义，其他学生鼓掌，而观众也点头附和。

幸运的是，在现实生活中，我们已经在对抗数学恐惧症方面取得了很大进展。从顶尖大学的教授到小学教师，各个年级的教师都意识到了数学恐惧症的存在，知道某些教学方法（上数学课时把课桌椅搬出去，让学生站着，其结果是突出表明了数学教学就是为了淘汰表现不佳的学生）会使情况变得更糟。他们明白这类稀缺性和排斥性信息对易患恐惧症的学生（包括女性、黑人学生和拉丁裔学生，这些学生可能没有在STEM领域中找到榜样）尤其有害。

数学老师像训练教官一样（“你们中只有少数人能通过！”）的日子已经基本一去不复返了。我在美国各地遇到的数学教师都对创造学习机会非常感兴趣。他们中的很多人都是在老式教学文化中长大的，现在正致力于结束这种文化。

教师和学校管理人员应该知道，如果学生不能直观地理解问题，他们就会害怕数学。这意味着问题对他们来说没有意义，没有意义的东西会让他们忐忑不安，不知道需要做什么。即使是擅长数学的学生，如果无法直观理解某个概念或问题，也可能患上数学恐惧症。康奈尔大学的数学家史蒂夫·斯托加茨说他在大学一年级学习线性代数时产生了对数学的恐惧。[6]他的老师没有帮助他理解这门学科，每次考试他都会紧张，做作业很吃力，成绩很差。正如他在《魔鬼经济学》播客中分享的那样，“我非常沮丧，心想也许我就不是读数学专业的那块料……第一门课就无法借助直觉去理解。它不够直观，我无法想象我正在学习的那些东西”。

教师面临的挑战是在建立熟练度、引导理解和将两者应用于解决问题之间找到平衡。不熟练（不能得心应手地利用基础的数学事实）会成为学习的障碍。正如斯托加茨的例子说明的那样，缺乏理解或应用会阻碍我们利用直觉学习数学，缺乏其中之一就有可能导致数学恐惧症。教师必须努力将三者完美地结合起来。

好消息是，改进数学教学方法的工作正在取得进展。美国及全世界的学校和教师都逐渐认识到了图形和直觉的价值——可以帮助学生热爱所学的东西。在工作中，我们对 34.5 万名三年级到五年级的学生开展了一项关于数学参与度的研究。[7] 针对“学好数学对你是否重要”的问题，93%的受访者给出了肯定的回答，包括大多数“不喜欢”或“讨厌”数学的学生。与佩姬·休不同，这些学生认识到了数学在他们生活中的价值。

人们对数学日益增长的兴趣和积极的态度，在很大程度上得益于当今的数字化世界已经掌握了如何用图形来传达复杂的思想。我小时候玩流行的教育游戏《俄勒冈之旅》时，开发者还没有开发出图形用户界面，游戏界面是下图这样的。

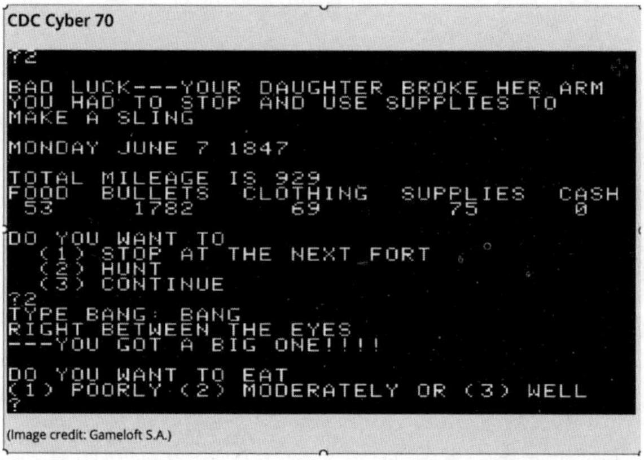

CDC Cyber 70

```
?2

BAD LUCK---YOUR DAUGHTER BROKE HER ARM
YOU HAD TO STOP AND USE SUPPLIES TO
MAKE A SLING

MONDAY JUNE 7 1847

TOTAL MILEAGE IS 929
FOOD   BULLETS  CLOTHING  SUPPLIES  CASH
 53     1782      69        75       0

DO YOU WANT TO
  (1) STOP AT THE NEXT FORT
  (2) HUNT
  (3) CONTINUE
?2
TYPE BANG: BANG
RIGHT BETWEEN THE EYES
---YOU GOT A BIG ONE!!!!

DO YOU WANT TO EAT
(1) POORLY (2) MODERATELY OR (3) WELL
?
```

(Image credit: Gameloft S.A.)

这款游戏很难理解，也不直观。刚开始玩的时候，难度很大，玩家也感受不到乐趣。你需要在黑色屏幕上输入荧光绿色的字母，同时想象时间是1848年，你正向西出发。更新后的《俄勒冈之旅》加入了引人入胜的视觉效果。我的儿子们不用输入字母数字指令，而是利用触摸屏将人物和物资的图像从一个地方移动到另一个地方。类似的视觉元素有助于建立学生的数学直觉。很多人从数字化世界中得到启示，利用图形界面，通过图形和直观化的教具来教授数学。这种更以图像为导向的方法带来的一个变化是，即使是六七岁的孩子，在对一个问题或概念感到困惑时，也能画出复杂的数学图形。我见过很多三年级的学生边做作业边画图，还看到过六年级学生在做比例推理时画比率表。

如何将直观化的教具引入数学教学呢？在这里，我想提出两个实际上互为一体的想法：在教学中（包括课堂教学和数字化教学）使用支持直观化的优质教学资源，剔除不支持直观化的资源。简而言之，通过直观化教具或从具体到图像再到抽象的框架来构建和支持直观化。

利用图形教学时，切记不要过头！视觉效果可以帮助学生快速理解概念，但强迫他们画图会让他们心生怨气。回想一下前文说的饼干盘。让孩子们看到 3 个盘子，每个盘子里有 7 块饼干，他们立刻就会明白 $3 \times 7 = 21$ 的含义。这并不意味着你需要让他们画出 21 块饼干，尤其是当他们已经很熟练，并且知道答案之后。两个极端之间有一个中间区，既能激发学生的直觉，又不会让他们昏昏欲睡。

每个人都能做贡献

为了培养每个人的数感，我们还需要改变课堂外的叙述环境。太多的电影、故事、习语和笑话将数学描绘成对人类的折磨，或者将能学好数学描绘成一种罕见的天赋。听到消极的叙述，就应该予以反击。当然，就像生活中几乎所有有价值的东西一样，数学也很难。学生会犯错误，但犯错是学习的一环。数学值得我们为之付出，它是决定我们命运的方程式。

第 11 章

告别标签：从分类到全面教学

数学对每个人都很重要，但我们表现得好像它只对少数人重要。我们的教育体系的核心任务是公开和秘密地对学生加以分类。我们根据学生的能力分班，把“数学神童”分到高级班，把“学得慢”的孩子分到用委婉的名字命名的班级，例如入门班、基础班、普通班。我们会给出诊断，通过分数和随后的学业告诉学生我们对他们能力的看法。那些被赶下快车道的人并没有“按照自己的节奏前进”；相反，他们再也没有认真学习。

虽然我知道所有管理者和老师都不想对孩子们说他们是数学笨蛋，但我们设计的教学系统向学生传递了这样的信息。学生因为用错误的方法解题而受到惩罚，这使他们更加困惑。如果他们画图，老师会告诉他们不要这样做。他们认为，既然不能快速解决问题，就说明这个问题不适合他们。别人可以在一分钟内解决它，那么我为什么还要尝试呢？

最终，孩子们不需要被告知他们的数学不好，因为他们会告诉自己。他们会根据收到的越来越多的负面信息对号入座。此外，分类系统的破坏力极强，甚至是那些被分类到擅长数学阵营的人，他们对数学的好奇心也会被彻底扼杀。

以上是坏消息。

好消息是，如果我们把教学的目标从分类转变为教学，那么所有人都可以成为数学达人。现有的系统是我们创建的，但我们可以设计一个更好的系统。

我基于两个命题创立了Zearn Math：第一，数字化工具可以让优质教育大众化；第二，技术可以通过某些方法成为教学工作的补充。然而，当开始测试这两个命题后，我意识到我们对儿童的数学学习知之甚少，没有任何手册告诉我们应该怎么做。在寻找道路的过程中，我发现最有趣的答案回答的是我最初不曾问过的问题。

到目前为止，这些问题中最有意义的是：在数学的教学方面，为什么我们要花费这么多时间、金钱和精力来把学生分类，而我们本可以将这些资源用于教学?

我不是天马行空的思想家。我知道NBA（美国职业篮球联赛）球员的平均身高是6英尺①6英寸，而美国男性的平均身高是5英尺8英寸。事实上，只有1%的美国男性的身高超过6英尺4英寸。[1]不是每个孩子长大后都能在NBA打球。天赋、激情、毅力（及身高

① 1英尺=30.48厘米。——编者注

等遗传特征）会让那些在职业篮球领域有前途的人自然而然地脱颖而出。

在某些STEM领域，我们需要数学家和工程师具有NBA球员级别的天赋和奉献精神，因为我们需要数学家勇于创新，争先写出自然语言处理算法，为我们提供生成式人工智能；我们需要工程师解决量子计算。但我们不必都成为勒布朗·詹姆斯。在数学教育领域工作了10多年后，我相信所有的孩子都能学好并爱上数学。仅仅因为孩子不太可能进入NBA，并不能阻止他和朋友们一起打一场即兴篮球赛。代数的学习就像娱乐性体育运动，很有挑战性，很有趣，所有人都能做到。

在讨论数学天赋和数学教学时，经常有人认为有必要在培养NBA级别的杰出人才和普及数学之间做出选择。但这不是非此即彼的问题。我们可以提高成就的下限，提高激情和才华的上限，提升介于两者之间的一切。

认为我们无法兼顾，就是认为要实现普及数学能力这个目标，就必须降低教学难度，进而导致优秀学生的成绩受到影响。这种想法将数学教育视为一种稀缺资源，因此，让所有的孩子都学数学会干扰那些拥有激情和天赋的少数人。遗憾的是，这种稀缺型思维模式已经根深蒂固。根据2022年的数据，美国只有35%的四年级学生和26%的八年级学生的数学达到了精通水平，我们甚至没有给大多数孩子机会，让他们去发现自己能否有所建树。[2]

我们如何从稀缺型思维模式转变到富足型思维模式，从选择少数精英从事数学职业转而广为宣传学习数学的经验呢？简而言之，我们如何从分类转到教学上来呢？我基于深耕数学教育领域 10 多年的经历，在本书中分享了对这个问题的看法发生的变化。我希望这个演变过程对你有用，能帮助你转变思维模式。我从研究数学学习的误区开始，寻找基于现实的方法来帮助孩子们学习和爱上数学。我借鉴了相关研究成果、第一手经验和包含数百万学生完成的 140 多亿道数学题的数据。

分类在数学教学中根深蒂固，因为在人类历史的大部分时间里，这是我们唯一的选择。几百年前，一个城镇如果能有几个能读会写、有数学基本知识的人就很幸运了。这些人在城镇的运作中承担了多项重要的工作。例如，他们可能需要负责分配储存的冬粮，让整个社区能维持到春季收获。

此外，这些人是仅有的能把自己的学术知识传授给镇上孩子们的老师。他们都是大忙人！由于这些人十分稀缺，他们能够停留在特定地点的时间也十分有限，所以唯一合理的选择是挑选几个孩子和这些学者一起学习。直到最近，我们才有足够的学校、教师、书籍、书写工具或其他教学材料，包括数字化工具（许多地方仍然没有）。由于资源极度匮乏，我们无法想象我们会有资源极大丰富的那一天。

为了普及数学能力，我们需要消除建立这些系统时造成的影响。我们教授数学的几乎所有方法仍然建立在旧系统的基础上。尽管我花了 10 多年的时间让自己摆脱分类的想法和行为，但我发现自己仍然深陷其中。

围绕有教无类重建数学教学，是培养大批精通数学的人才、解决当今世界问题的唯一途径。当我从教学的角度看待我的工作时，我会提出几个关键的问题来评估我们的数学教学：我为什么相信这个？我为什么要选择这种做法？这样做的依据是什么，是认为数学的成功在于分类，还是认为在于学习？

走出误区，拥抱方法

第一步是在走出数学教学的误区时要保持警醒。这些信念是分类的机制和理由，也是孩子们讨厌数学、数学也厌弃他们的原因。在这些前提下被分类，甚至遭到羞辱，是数学好奇心彻底消失的原因。为了走出这些误区，你需要陈述相反的现实。

速度并不代表一切。正如我在前文指出的，在数学学习中，得心应手（快速和条件反射性地调用关键事实和技能的能力）至关重要。当我们得心应手地（或者说，熟练地）调用数学事实和步骤时，我们就能释放工作记忆来解决面前的数学难题。限时活动有助于建立这种能力。

但速度会扼杀乐趣和创造力。如果你认识工程师、程序员或科学家，可以问问他们最近一次解决工作问题花了多长时间。我保证他们会告诉你，他们花了几天、几周、几个月甚至几年的时间，才找到答案。速度只是数学学习中一个能提供特定好处的重要工具，过分强调它会导致忽视其他方面——降低严谨性，增加数学焦虑。

之所以强调速度，是因为它是一种懒人分类工具。把学习数学变成一系列短跑比赛，可以很容易地宣布赢家和输家。更糟糕的是，速度最终会说服学生自行分类，因为他们相信，整个数学学习领域都只适合做基础加法和乘法速度最快的七八岁的孩子。

正如我们在前文看到的，数学水平较高的学生（如物理专业的研究生）解决问题的速度比数学水平较低的学生（如只上了一门物理课程的本科生）要慢，[3] 因为他们知道有更多的地方需要注意。过分强调速度也会让数学变得无聊。快速做数学题就像学弹钢琴时只练习音阶而不演奏旋律。

技巧不是万能的。数学是一套你可以完全信任的普遍适用的公理或规则，但我们经常把它当作一套看起来很随意、互不相干的技巧来教授。当你死记硬背那些解决问题的技巧，严格按照要求完成所有步骤时，你就无法体会解决难题所带来的内在快乐。更糟糕的是，只记忆技巧会导致批判性思维能力减弱。你不会努力提高你的直觉和推理能力，而是下意识使用那些技巧。

运算法则不是技巧。无论你做的是两位数加法还是十位数加法，标准的加法运算法则都是有效的，而分数加法的“领结图分析法”在加数超过两个时立刻就失灵了。技巧有时无效，让你无法信任数学，而运算法则始终有效。运算法则之所以始终有效，是因为算法有一个清晰的内部逻辑。将数学作为一套技巧来教授，甚至将运算法则作为执行的技巧，而不是理解的过程教给学生，会导致学生无法看到算法的逻辑。这是在假设数学对学生来说太难了，同时也是在分类，认为大多数学生不可能理解课程的内容。

没有单一正确的方法。你已经习惯于相信有一种正确或适当的方法来解决问题，要拒绝这种条件反射。面对数学题，要思想开放，积极探索，而不是思路单一，消极被动。请思考一下获得答案和解决问题的区别。把数学作为一套严格的步骤教授给学生，就是让他们得到答案。学生会遵循这些步骤，暂时将直觉、创造力和理解放到一边。得到答案后，他们往往不确定答案是对还是错，他们对这个问题没有数感。在这个过程中，他们被剥夺了主动权，没有机会理解问题。以获得答案为目的，你就无法探索其他解题方法，也不能为解决现实问题做好准备。

解决问题是一个创造性的认知过程，其间你会努力加深你的理解。解决问题的方法有很多种，通常都需要将问题直观化。在现实世界的STEM环境中，工程师甚至在开始工作之前就会讨论多种解决问题的方法。他们的目标可能是找到一种更简练、更便宜或更快的方法。数学题只有一种解法的误区会让学习者永远不会经历这个过程。这是另一种分类和自我分类机制。在这种机制中，学生没有机会使用他们天生的数学思维能力。

创建并发展Zearn Math的经历使我认为我们有社会和道德义务从分类转向教学。要做到这一点，我们不仅需要了解关于数学学习的那些不可信的观点，还需要知道如何应对。虽然如何实施数学的集体教学尚在研究中，但我们已经知道有足够多的方法可以提高教学效果。这些方法可以培养孩子解决问题的能力，激发兴趣——在数学好奇心被压制的时候重新唤起它，或者，从一开始就激发年纪尚幼的孩子（他们还没有受到自我分类的影响）的好奇心。

我已经讨论了一些我们可以用来实现这一目标的方法，接下来，我还想说说这些方法如何帮助我们从分类转向教学。

找到归属感。如果数学课堂是包容的，能培养归属感，孩子们就不会下意识地把自己归类到能力低下的人中。因为更广泛的社会叙事把对数学的负面认同视为常态，所以让孩子们找到归属感是我们可以信赖的方法，它可以改变我们的集体意识，为更多的孩子和成年人学好数学创造机会。当孩子们犯错误时，他们和他们的老师需要明白这不是他们不适合学数学的信号，而是他们适合学数学的一个标志：犯错误是学习数学的一个特征，表明学习正在发生。学生需要经常感受到数学归属感，特别是当学习变得具有挑战性时。每当我们要求学生克服一个新的挑战时，他们都需要归属感的支持。

使用图形和实物。实物和数学图形可以为深刻的数学思想赋予具体的含义，对孩子和成人都有效。正如我们在前文看到的，人们看到乘法的概念被转化成盘子和饼干时，会出现积极的反应。如果只使用数字和符号来表示数学概念，那么大多数概念都没有直观的意义，无法理解这些概念的孩子就会被排除在外。

除了抽象符号，使用图形和实物可以让我们有效地理解和计算。一些成年人告诉我，他们小时候会把数学图形藏起来或擦掉，因为他们认为这是“作弊”，或者是他们数学不好的表现。事实恰恰相反，他们是在利用人类大脑的工作方式，建立自己的数学直觉。用表征和抽象语言来解释数学不仅仅是小学的事，还应该是我们（即使是成年人）每次遇到新挑战后的学习过程的一部分。如果我们真的想停止分类的做法，促进广大学生加强理解，那么除了抽象符号，对图形和实物的使用必须成为数学核心模块和课外辅导、暑期学校等拓展活动的一部分。

简化问题。简化问题不需要得到任何人的允许，这应该被视为常识。这种方法充分说明了教育体系是如何分类的。数学成绩好的学生通常都学过简化问题，他们得到了允许，可以不遵守规定，而那些被禁止越雷池半步的学生则对学数学产生了怀疑。如果我让你绕着圈从A点走到B点而不是走直线，你会认为我疯了，不会接受我的建议。但“把关人”却让我们觉得似乎应该接受这种违反直觉的、更难的方法。这就好比通过快速画图就可以很快地确定哪个分数的值最接近，而你却做了十几步的计算。简化问题并不意味着在学习上偷奸耍滑。事实上，简化问题（比如我分享的计算 35 × 18 的5 种方法）可以促进学习。探索其他解题方法可以培养和磨炼解决问题的能力。

尝试不同的方法。如果孩子认为只有一种方法可以解决问题，又发现这种方法不起作用，他们就会自然而然地认为到此为止了，其他方法都行不通。他们会想：“是我的问题，我学不好数学。”

这就是他们从教育系统、从家庭、从我们所有人那里听到的给学生分层的声音。我们还会做最坏的打算。为了让学生不那么吃力，我们会让他们停止学习相应年级水平的数学知识，转而复习低年级的知识。我们以为这能让他们查缺补漏，结果却导致他们在新的学习上落后了。如果我们继续这样做，他们将永远处在追赶同年级学生的处境中（而且永远不会成功）。

我们发现，那些被安排去做补救性的低水平数学题的学生会落后于同年级学生，而当他们回过头，去做当初难住他们的那些题目时，他们的进步也不大。解决方案是在孩子们刚开始感到吃力时，就对他们年级水平的学业提供有针对性的支持，帮助他们迎头赶上，同时继续推进数学的学习。然而，要在数学学习中做出这种改变，就需要我们停止将问题视为区分优劣的工具，而是将它们视为学习机会。

练习要有的放矢。无休止的训练没有直接的目的或益处。孩子们讨厌它们，并因此讨厌数学本身。在作业本上连做30道不相关的长除法题目后，无论是大学、职业还是其他的数学教育都很难激发你的动力。在其他学科领域，我们不会要求孩子们这样做。我们不会要求孩子阅读电器使用手册来提高他们的阅读熟练度。没有目的的练习不仅会削弱孩子们的动力，还会让他们更快地将自己排除在数学领域之外。

我和我的团队坚持认为，尽管学习的手段和机会不断增加，但是数学学习不能无度。教育技术使教育资源越来越丰富，这会压垮我们，会让我们失望，但也会给我们带来便利。只需点击几下，就可以通过视频和应用程序学习和练习几乎任何东西。我对教育科技进一步推动普及优质教育的潜力相当乐观，因为我们的教育科技正处于早期阶段，未来还会有很多发展。这就是Zearn和其他教育技术机构的工作让我乐此不疲的原因。我们正在利用技术工具，从教与学两个方面对数学教育做大规模的补充，让曾经是通过筛选的少数人才能进入的领地敞开怀抱。

最近，人工智能（特别是像ChatGPT这样的生成式人工智能）进入了大众的视野，这可能是过度炒作，也可能是炒作得还不够。如果将生成式人工智能内置到教育技术平台中，就有可能进一步提高学习资源的丰富性，使其规模和容量发生超出我们理解的巨大变化。教育工作者和技术专家需要携手合作，确定如何做好这项工作。

最重要的是要记住，教育技术和嵌入的生成式人工智能没有善或恶、进步或损害、分类或教学的默认设置。技术只是创造者实现目标的力量倍增器，即使创造者也说不清他们有什么目标。要培养第一代具备全面数学能力的人，唯一的办法就是让这一点成为教育技术机构的目标（包括现有的技术和我们设想中的技术）。

教育工作者需要工具来补充他们的教学，重新点燃学生对数学学习的好奇心，培养学生解决问题的能力，而不是让他们死记硬背。在疫情的阴霾笼罩学习之际，我们在为数不多的地方看到一线希望，其中之一是教育工作者开始对教育技术提出了更多要求，包括坚持认为技术必须打破数学教育中的分类模式。

科技经常扩大贫富差距，但教育科技不应如此。然而，如果放任自流，没有教育工作者、领导者和公民的远见，那么教育科技和生成式人工智能可能就只会复制数学教学中的分类系统，使其更加僵化，并最终放大它。

我已经看到一些地方正在发生这种情况。我遇到的第一波教育技术大部分都是按照分类模型构建的。如果学生答错问题，这些技术只提供有限的帮助，通常是给出一个“提示”，告诉或显示答案，而不是如何得到答案。其他分类功能包括过度简化的60个问题诊断，声称可以评估孩子是否能学习相应年级水平的全部知识。如果学生不能轻松完成诊断，就很可能走上补习教育的道路。诊断不会为该年级水平的数学学习提供支持，而是让学生完成数周（甚至整个学年）低于年级水平的数学学习，而这必然导致他们永远落后。

更令人担忧的是，那些精美的数字化学习内容都设置了高收费门槛，父母有钱的学生才能使用。学习者的确需要为内容创作者的工作付费，但优秀的教育必须面向所有人。收费机制应该支持这一点，而且有很多方法可以做到。老师和家长可以为他们的学生和孩子免费访问Zearn Math。（为了确保我们这个非营利性机构可持续发展，我们向学校收取为成年人提供服务的费用。）

教育科技的梦想应该是大胆的，它必须进一步推进优质教育大众化，利用丰富的资源让所有孩子学习各种各样的知识，包括数学。到目前为止，我们已经看到教育技术在支持教学工作方面大有作为，包括高质量的视频，有时是自适应视频，从而扩大儿童或成人优质教学的规模；提供更多的练习和实时反馈，从而增加练习机会，提高练习质量；通过游戏化和直观化提高学习者的参与度；让学生按照自己的节奏学习有挑战性的而非补习性的内容，创造分层教学的机会；允许学习者追求自我探索。

在贝恩公司工作期间，我的书桌上放了 3 本书，都是我的旧教科书，包括统计学、会计学和金融学。每当我感到困惑时，我就会打开看一看。它们又大又重，翻看起来不是很方便。我会在目录和索引中来回搜寻，以回答我几乎不知道如何表述的问题。

现在，我在搜索栏里输入关键词，就可以找到制作精良的视频。在这个超越教科书的数学新世界里，我通常能学到一些以前不知道的东西。这就是资源富足。年过四旬，我还在学习数学！在为 Zearn Math 创建八年级内容的时候，我学到了为什么 $3^0 = 1$ 或者 $N^0 = 1$。之前，我只是记住了任何非 0 的数的 0 次方都等于 1，从来没想过为什么。3÷3 = 1。当我们取一个数的 0 次方时，其实就是让这个数除以它本身。

$3^{1-1=0} = 1$ ↙!

$3^0 = 1$ ↙?? $\qquad \frac{3^1}{3^1} = 1$ ↙!!

$\frac{N^1}{N^1} = 1$ ↙!!!

我 12 岁的双胞胎儿子就是在这种富足中长大的。最近，我们一家去了印度。回家后，双胞胎中的一个想把印地语学得和我一样熟练。我告诉他，他需要学会读写，但印地语很容易学，因为所有字母在拼写单词时的发音都是一致的。我们没有进一步谈论这件事，但没过几周，他就找到了多邻国语言学习软件，并取得了显著的进展，已经能读简单的单词了。

与此同时，他的兄弟对在学校学习世界各国所在位置的艰巨任务感到兴奋。他找到了一个叫作“Stack the Countries”的游戏。利用这个游戏，他掌握了各个国家在各个大洲的位置。这些都是免费资源。对在这种资源富足中长大的孩子来说，他们认为所有人都有足够的学习材料。他们希望得到学习机会，而不是被淘汰。如果成年人在从分类到教学的过程中迷失方向，年青一代可以为我们指明方向。

美丽与敬畏的窗口

每个孩子（和成年人）都可以学好数学。到目前为止，我们设计、建立的系统都在强调分类，也就是给哪些人学习数学的机会。是时候设计、建立一个教所有人学习数学的新系统了。

我常常想，我们怎么才能知道我们已经做到了。这个新系统会是什么样子？使用它会是什么感觉？

其中一些成果是可以衡量的。我们应该能够看到标准化考试成绩提高了，以及意义更加深远的变化：人们拥有了从事更好工作的资质。

我想我们还会看到别的东西。当我们经常感受到数学的超凡之美时，我们就会知道自己成功了。数学是宇宙本身令人敬畏的美。我知道这不是我们大多数人谈论数学的习惯方式，但是就像读到一本将整个人类历史浓缩在字里行间的感人小说一样，数学也会给你一种令人陶醉的美感。

小时候，我常常在解答一道数学题后心情愉悦，但有几次经历是不同的，有几个瞬间，我觉得我可能触摸到了宇宙的真相。第一次是在上小学的时候，爸爸告诉我，计算矩形面积可以将矩形的两条边的长度相乘。这次对话发生在纽约州布法罗市全兹特路的一家必胜客里。爸爸在一张餐巾纸上画了一个标准的矩形，并标出了边长。然后，如下图所示，他在矩形上画了一些线。

我们一起数了数小方格。一共有 15 个。

我不知道我为什么那么震惊，但我记得我目瞪口呆地盯着那幅图。用一边的长度乘另一边的长度，就知道面积有多大？我仿佛发现了宇宙的秘密。一边的长度是 3 英寸，另一边的长度是 5 英寸，两者相乘就得到 15 平方英寸。完美！

作家亚历克·威尔金森写过一篇关于数学的文章，是我读过的最优美的文章之一。他在文中写道，他小时候的数学成绩不好，但在 60 多岁时又重新学习数学，发现了数学的美。以下是我最喜欢的一段摘录：“数学是接近伟大秘密的有效手段之一，可以让我们思考那些不可见的或目前无法想象的事物。数学与其说是描述秘密，不如说是暗示秘密的存在。”[4]

在我吃比萨饼时，爸爸通过计算面积，向我展示了乘法与现实世界的联系。在那一刻，我清楚地产生了这种感觉。宇宙有秘密，而数学可以让我们观察和理解这些秘密。

我还经历过其他类似的启示性时刻（例如，想象把现实中的物品放到坐标平面，是理解几何上几个角相加得到 90 度、180 度或 360 度的完美方法），但下一个特殊的时刻发生在 12 年级的微积分学习中。虽然人们对是否教授及何时教授微积分存在争论，但我希望我的孩子学习微积分，无论他们将来从事什么职业。微积分是人类聪明才智的奇迹，是一种清晰明了的思维方式。对我来说，它甚至不止于此，它仿佛神来之笔。还是前面说过的：敬畏。敬畏是我们面对那些挑战我们对世界的理解的事物时的情感反应，比如仰望夜空中的百万星辰，或者惊叹于新生命的诞生。

我很幸运地在学一门物理课时学习了微积分。在我考虑速度与加速度之间的关系时，物理有助于将那些抽象符号转化为这个现实问题的数学解释。速度是指速率和方向，加速度是速度的变化率。所以，如果你正在开车，那么你的速度可能是每小时 60 英里，方向是向西。你的加速度可能是零，因为速度保持在每小时 60 英里；加速度也可能改变，因为你在一分钟内加速到每小时 70 英里。

有很多很酷的数学可以解释这辆车到底发生了什么。微积分是可以完美描述地球上物体运动的数学学科。上 12 年级时，微积分让我充满了好奇。微积分是被发明的，还是被发现的？我们既没有发明运动，也没有创造重力。那么，可以如此简练地解释运动的数学，又是如何被我们发明的呢？

这给我留下了一个大大的疑问。正如威尔金森所说："数字从何而来？没人知道。它们是人类发明的吗？很难说。它们似乎以我们无法完全理解的方式融入了这个世界。"[5]

古代很多的宗教和文化也相信数字的神性。我们可以认为这是迷信，也可以认为是如今的人类更成熟了，但是如果你以开放的心态对待这些信仰，并且了解数学的潜能，你就会发现一些有价值的东西。在印度传统中，108 是一个神圣的数字。一串念珠有 108 颗珠子。信徒每握持一颗珠子，就要念诵一句咒语，通过念诵 108 次咒语来完成祈祷仪式。如果你无法完成 108 次，完成 54 次甚至 27 次也可以，因为它们是 108 的因数。但是随意在某个位置停下来是不可以的。

我一直认为这是迷信，有一次，我鼓起勇气（顺便说一下，是在我 40 多岁的时候）问一位印度教学者，为什么是 108？我一直认为这个数字具有随意性。

这位博学的吠陀学者的回答让我大吃一惊。坦白地说，当时我并不相信。我花了几个小时研究这个答案，甚至亲自做了数学运算来证实它。学者告诉我，古代印度学者曾估算地球和月球之间的距离，以及地球和太阳之间的距离，认为它们都是 108 的倍数。根据他们的计算，地球与月球的距离是 108 个月球直径，地球与太阳的距离是 108 个太阳直径。因为地球与这两个天体的距离都包含 108，所以他们认为这个数字是神圣的。

如果我们做一些除法运算来验证古印度人的计算，就会发现他们的结论很准确，尽管他们缺乏现代测量仪器。地球和月球之间的平均距离约为 238 855 英里，除以月球的直径，也就是 2 159 英里，得数大约是 110。地球到太阳的距离是 9 300 万英里，除以太阳的直径，也就是 864 938 英里，得到的值大约是 107.5。

你可能知道勾股定理 $a^2 + b^2 = c^2$。[6] 有记录表明，很多古代文明都发现、讨论过这个关系并为之痴迷。早在公元前 1900—前 1600 年的古巴比伦泥板书中就有勾股定理的应用，比大约在公元前 580 年出生的毕达哥拉斯早了 1 000 多年！在公元前 800—前 400 年之间成书的印度《绳经》中也发现了勾股定理。公元 3 世纪，中国数学家刘徽也证明过勾股定理。

这就好像古人在寻找（并且发现了）宇宙的数字秘密。他们没有发明或创造数学，他们发现了它。

这些例子体现了数字的神秘和辉煌，我分享它们，是因为我希望我们能和古人一样志存高远。我在 10 多年的数学教育推广历程中，通过深入分析我们创建的学习平台收集的大量数据，最终领悟了一件事：数学无处不在，而且适合所有人。所有的孩子都能学好数学。事实上，所有人都可以在数学学习上取得成功。我们可以热爱数学，也应该热爱数学。是时候让大人们齐心协力实现这一目标了。

尾 声

因热爱而美丽

在本书中，我多次将“热爱”和“数学”这两个词放在一起。你可能猜到了，我是故意这么做的。我这么做不是为了挑衅，也不是为了让你心情舒畅，当然，我更不希望你忽视我和我的这本书。

我使用“热爱”这个词是因为我真的热爱数学。

无论是普遍意义上的学习还是数学学习，热爱学习到底是什么意思？对这个问题的探索是对哲学和神学的讨论，延续了几千年。我所说的热爱也可以找到同义词。教学中使用的一些其他词语也表达了同样的意思，需要同样的解释，比如对知识的渴望、熊熊燃烧的好奇心、学习的激情和求知的欲望。请认真思考这些词——渴望、燃烧、激情、欲望，它们都是表示爱的词语。我所说的爱是你的改变，也是所有人的改变；这种改变需要一点儿耐心，但它是值得的。

我们有一个充满刻薄、无情、排斥的数学世界，它会歧视并削弱我们的集体潜力。这是真实的，不是你的想象。尽管我能享受到一些特殊优待，但在大部分时间里，我也生活在这个数学世界的边缘。它曾击垮我，也让我变得坚强，然后我不止一次地重新爱上了数学。我写这本书既是为了承认这一点，也想提出一点儿建议：为了所有的孩子和我们自己，我们应该团结起来，拒绝这种数学世界。生活中有一些磨炼是值得的，但是把数学学习彻底变成磨难就不值得了。我们集体失去的远远超过我们共同得到的。因此，我们应该立即放弃这种数学世界。

还有一个“虎爸虎妈”式的充满恐惧的数学世界，在这个世界中，人们之间的竞争其实就是比谁能忍受最大的痛苦。在这个过程中，我们含蓄地教导孩子不要热爱数学，在数学上取得成功是一个苦差事，学数学是一个苦差事。我说的“虎爸虎妈”没有任何不尊重的意思。作为印度移民的孩子，为了追求发展前景，我和家人放弃了一切，义无反顾地来到了一个新的国家，因此我知道在持续压力下长大是什么感觉。我是一个幸运的孩子，因为尽管有压力，但我的父母喜欢数学、学习和其他知识。

然而，即使打破了这些障碍，我们还需要与另一个排斥性的数学世界做斗争。除非你决定改变自己，除非你决定看到并爱上数学之美，否则都会遭到它的排斥。一旦你做出这样的改变，数学就会变得更加包容——一旦你找到了爱，没有人能从你身上夺走它。

在我的双胞胎儿子刚上幼儿园的几个星期，当我们早上步行去学校时，我的一个儿子就会紧张不安。他的小手紧紧地抓着我的手，我能感觉到他的恐慌，就像触电了一样。我的另一个儿子却总是兴高采烈的，根本不会注意到他双胞胎兄弟的情况。他会松开我的手，对我们笑一笑，然后跑进学校。但紧张的那个孩子会越抓越紧。他的手最终会松弛下来，可能是因为已经没有力气了。然后，他开始无声地哭泣，泪如雨下。一位老师会默默地向我们走来，与我做一番意味深长的眼神交流，然后轻轻地拉着他走进大楼。我会在孩子们面前装出一副坚强的样子，但是当他们离开我的视线后，我也会哭。我一生最感激的就是我的孩子们就读的学校和教导他们的教育工作者。他们小学的校长是一位传奇的教育家，最近去世了。她当时很快为我爱哭的那个儿子制订了一个计划，其中包括在走廊里说一些有趣的小秘密，以及在我送他到幼儿园时专门向他做一些特别说明。由于她的努力和她对学习的真爱的理解，一两个星期之后，我那个爱哭的儿子变成跑着进入学校大楼了。是的，同样是这个 5 岁的小男孩，在学校大楼进入我们视线的那一刻，他会出其不意地挣脱我的手。然后，在我还没有从惊骇中缓过神来时，他已经跑过整整一个纽约市街区，冲进学校。我跟在他身后，拖着他的双胞胎兄弟，试图在他进入大楼前把书包给他，再给他一个拥抱。

我所说的爱就是在老师、家人和你几个星期的共同努力下（最重要的是你自己的努力），你以最快的速度跑进学校大楼，而你的母亲在后面追着你，让你慢一点儿；就是对知识的渴求，熊熊燃烧的好奇心，学习的激情和求知的欲望。这就是我说的我们都可以爱上学习数学。

19 世纪的哲学家索伦·克尔凯郭尔阐述了自发的爱和真正的爱

之间的差异，并敦促我们寻求后者。今天，我们经常带着自发的爱去学习数学，这是一种变化无常的爱。你会萌发自发的爱，但你没有决定权，也没有控制权。克尔凯郭尔是这样描述的："自发的爱可以自行改变，它有可能变成它的对立面，即恨。恨是变成了对立面的爱，是毁坏的爱。"[1]这就是为什么我们讨厌数学，而不只是不感兴趣的原因，因为我们心中有一种被毁坏的爱。值得注意的是，克尔凯郭尔对很多人在学数学时都会产生的焦虑做了深刻的描述："当一个人因为一心想着某事而被折磨得心情焦虑时，他既不敢绝对信任所爱的人，也不敢真心实意地屈从，以免付出太多，并导致自己不断地受到伤害，就像被没有燃烧的东西灼伤——唯一的伤害就是焦虑。"[2]这就是我们对学习数学感到焦虑，而不只是不感兴趣的原因。

你要做的改变是对待数学要有更多的耐心，同时还要知道，在数学和其他领域中，真爱正在等着你。毕竟，任何有价值的事情都需要时间，需要精心呵护，还需要你像我提到的那样改变自己。你的改变是要有耐心、冷静，并寻求那种爱。正如克尔凯郭尔所说："真正的爱经历了永恒的转变，变成了责任。它永远不会改变，具有完整性。"[3]我认为套用克尔凯郭尔的说法，改变的目标是冲进学校大楼，感受到熊熊燃烧的好奇心是我们的真实状态。但他告诉我们，培养这种爱需要时间和努力，需要你做出改变。此外，意想不到的是，正因为我们对数学有这么多的厌恶和焦虑，所以成功的希望可能很大。厌恶和焦虑是爱的基础，是"被毁坏的爱"，我们可以加以利用。“被毁坏的爱”是不成熟的，随着你的改变，它可以被培养成对数学的真爱。

现在就行动起来吧！再给数学学习一次机会。唤醒你的好奇心，放下你的自我，屈从你的爱，无畏前行。努力帮助每个人（尤其是孩子，也包括你自己）热爱学习数学。

致 谢

为了写这本书，我向很多人寻求帮助。首先，使用Zearn Math在线平台的老师让我学到了很多东西。我从心底感谢你们。这些老师深远地影响了Zearn Math及我对数学教学的理解。其次，在过去的10多年里，我广泛接触了小学教师、中学数学教师、学校领导、地区和州行政人员、家长、非营利性机构高管、基金会领导人、政策制定者及STEM领域专业人士，收获了一些深刻的见解。再次，和孩子们（主要是3~13岁的孩子）的多次交流对我大有裨益。没有这些交流，我不可能写出这本书。

我要特别感谢Zearn的团队和董事会，包括过去和现在的成员。这是我合作过的最能干、最投入、最善良、最欢乐的团队。这支团队无与伦比。我还要感谢远见卓识的Zearn联合创始人，感谢他们的勇气和投入，感谢他们和我携手踏上人生的旅程。本书中所有其他有见地的内容都来自我们共同创建、打造和拓展Zearn Math的研究。

我要感谢那些帮助我把这本书变成现实的良师益友。我要感谢我的经纪人埃斯蒙德·哈姆斯沃思，在我踏出每一步时，他都会给我真诚的鼓励和明智的建议。我非常感谢我在艾弗里企鹅兰登书屋的编辑尼娜·希尔德和汉娜·斯泰格迈尔，感谢她们的信任和高超的编辑工作。

我要感谢我的家人和朋友，尤其是我的父母和兄弟，在我沉浸于这本书的创作中时，他们给予了支持和理解。我要感谢我优秀的侄女和侄子们提出的有趣而深刻的问题和评论。我还要感谢我上中学的双胞胎儿子和我的丈夫（也是我最好的朋友）。无论我的创作一帆风顺还是进入了低谷期，他们都会帮助我、安慰我、忍耐我，并与我一起分享喜悦。

最后，这本书完全由我负责，不足之处都是我的过失。我恳请大家提供直接的、建设性的反馈。我认为犯错是学习的方式，而我希望继续学习，不断提高自己。

注释

序章　我们当年都有可能成为数学小能手

1. Jay Caspian Kang, “What Do We Really Know about Teaching Kids Math?,” *New Yorker*, November 18, 2022, https://www.newyorker.com/news/our-columnists/what-do-we-really-know-about-teaching-kids-math.

2. Claudia Goldin and Lawrence F. Katz, *The Race between Education and Technology* (Cambridge, MA: Belknap Press, 2010).

3. Goldin and Katz, *The Race between Education and Technology*.

4. Goldin and Katz, *The Race between Education and Technology*.

5. Roslin Growe and Paula S. Montgomery, “Educational Equity in America: Is Education the Great Equalizer?,” *Professional Educator* 25, no. 2 (2003): 23–29.

6. Guneeta Bhalla, "The Story of the 1947 Partition as Told by the People Who Were There," *Humanities* 43, no. 3 (Summer 2022), https://www.neh.gov/article/story-1947-partition-told-people-who-were-there.

7. Chip and Dan Heath, *Switch: How to Change Things When Change Is Hard*, 1st ed. (New York: Broadway Books, 2010).

8. "The Nation's Report Card | NAEP," National Assessment of Educational Progress, National Center for Education Statistics, accessed July 20, 2023, https://nces.ed.gov/nationsreportcard/.

9. Amanda Grennell, "A Child Lost a Sixth of His Brain, Then Made an Amazing Comeback," PBS *NewsHour*, August 2, 2018, https://www.pbs.org/newshour/science/this-child-lost-a-sixth-of-his-brain-the-rest-learned-to-pick-up-slack.

10. Ferris Jabr, "Cache Cab: Taxi Drivers' Brains Grow to Navigate London's Streets," *Scientific American*, December 8, 2011, https://www.scientificamerican.com/article/london-taxi-memory/.

11. Jean Piaget, "Part I: Cognitive Development in Children: Piaget Development and Learning," *Journal of Research in Science Teaching* 2, no. 3 (1964): 176–86, https://doi.org/10.1002/tea.3660020306.

12. Alice Park, "Preschooler's Innate Knowledge Means They Can Probably Do Algebra," *Time*, March 20, 2014, https://time.com/28952/preschoolers-innate-knowledge-means-they-can-probably-do-algebra/.

13. James Gorman, "How Smart Is This Bird? Let It Count the

Ways," *New York Times*, December 22, 2011, sec. Science, https://www.nytimes.com/2011/12/23/science/pigeons-can-learn-higher-math-as-well-monkeys-study-suggests.html.

14. Jordana Cepelewicz, "Animals Can Count and Use Zero. How Far Does Their Number Sense Go?," *Quanta Magazine*, August 9, 2021, https://www.quantamagazine.org/animals-can-count-and-use-zero-how-far-does-their-number-sense-go-20210809/.

15. "Literate and Illiterate World Population," Our World in Data, https://ourworldindata.org/grapher/literate-and-illiterate-world-population.

16. OECD, *PISA 2022 Results (Volume I): The State of Learning and Equity in Education* (Paris: OECD Publishing, 2023), https://doi.org/10.1787/53f23881-en.

第一部分　学好数学，从走出误区开始

1. Benedict Carey, "What Your Brain Looks Like When It Solves a Math Problem," *New York Times*, July 28, 2016, sec. Science, https://www.nytimes.com/2016/07/29/science/brain-scans-math.html.

2. Anya Kamenetz and Cory Turner, "Math Anxiety Is Real. Here's How to Help Your Child Avoid It," KQED, September 8, 2020, https://www.kqed.org/mindshift/56637/math-anxiety-is-real-heres-how-to-help-

your-child-avoid-it.

3. Sarah D. Sparks, "The Myth Fueling Math Anxiety," *Education Week*, January 7, 2020, sec. Teaching & Learning, Curriculum, https://www.edweek.org/teaching-learning/the-myth-fueling-math-anxiety/2020/01.

4. Kamenetz and Turner, "Math Anxiety Is Real. Here's How to Help Your Child Avoid It."

5. Mark H. Ashcraft and Jeremy A. Krause, "Working Memory, Math Performance, and Math Anxiety," *Psychonomic Bulletin & Review* 14, no. 2 (April 1, 2007): 243–48, https://doi.org/10.3758/BF03194059.

6. Richard J. Daker et al., "First-Year Students' Math Anxiety Predicts STEM Avoidance and Underperformance throughout University, Independently of Math Ability," *Npj Science of Learning* 6, no. 1 (June 14, 2021): 1–13, https://doi.org/10.1038/s41539-021-00095-7.

7. Sparks, "The Myth Fueling Math Anxiety."

第 1 章　速度陷阱：快不等于好

1. Alexis C. Madrigal, "Your Smart Toaster Can't Hold a Candle to the Apollo Computer," *Atlantic*, July 16, 2019, https://www.theatlantic.com/science/archive/2019/07/underappreciated-power-apollo-computer/594121/.

2. Sian Beilock, *Choke* (New York: Atria Books, 2011), https://www.simonandschuster.com/books/Choke/Sian-Beilock/9781416596189.

3. Alix Spiegel, "Struggle for Smarts? How Eastern and Western Cultures Tackle Learning," NPR *Morning Edition*, accessed July 20, 2023, https://www.npr.org/sections/health-shots/2012/11/12/164793058/struggle-for-smarts-how-eastern-and-western-cultures-tackle-learning.

4. "Assisting Students Struggling with Mathematics: Intervention in the Elementary Grades," IES, What Works Clearinghouse, March 2021, https://ies.ed.gov/ncee/wwc/PracticeGuide/26.

5. William James, *The Principles of Psychology* (New York: Cosimo, 2007).

6. Nathan S. Rose et al., "Similarities and Differences between Working Memory and Long-Term Memory: Evidence from the Levels-of-Processing Span Task," *Journal of Experimental Psychology: Learning, Memory, and Cognition* 36, no. 2 (2010): 471–83, https://doi.org/10.1037/a0018405.

7. NPR Staff, "The Lobotomy of Patient H.M: A Personal Tragedy and Scientific Breakthrough," NPR, August 14, 2016, sec. Author Interviews, https://www.npr.org/2016/08/14/489997276/how-patient-h-m-and-his-lobotomy-contributed-to-understanding-memories.

8. "James Webb Space Telescope," NASA Solar System Exploration, accessed July 20, 2023, https://solarsystem.nasa.gov/missions/james-

webb-space-telescope/in-depth.

9. Alan H. Schoenfeld, "The Math Wars," *Educational Policy* 18, no. 1 (January 1, 2004): 253–86, https://doi.org/10.1177/0895904803260042.

10. National Mathematics Advisory Panel, "Foundations for Success: The Final Report of the National Mathematics Advisory Panel" (Washington, DC: U.S. Department of Education, March 2008), https://files.eric.ed.gov/fulltext/ED500486.pdf.

11. Jay Caspian Kang, "How Math Became an Object of the Culture Wars," *New Yorker*, November 15, 2022, https://www.newyorker.com/news/our-columnists/how-math-became-an-object-of-the-culture-wars.

12. Diane Polachek, "Planning Instruction in Mathematics at the Early Childhood and Elementary School Levels," LinkedIn, May 24, 2022, https://www.linkedin.com/pulse/planning-instruction-mathematics-early-childhood-school-polachek.

13. "America's Maths Wars," *Economist*, November 6, 2021, https://www.economist.com/united-states/2021/11/06/americas-maths-wars.

14. Aneeta Rattan, Catherine Good, and Carol S. Dweck, " 'It's Ok—Not Everyone Can Be Good at Math': Instructors with an Entity Theory Comfort (and Demotivate) Students," *Journal of Experimental Social Psychology* 48, no. 3 (May 1, 2012): 731–37, https://doi.org/10.1016/j.jesp.2011.12.012.

第2章　技巧不是万能的

1. Jordana Cepelewicz, "Animals Can Count and Use Zero. How Far Does Their Number Sense Go?," *Quanta Magazine*, August 9, 2021, https://www.quantamagazine.org/animals-can-count-and-use-zero-how-far-does-their-number-sense-go-20210809.

2. Ben Orlin, "When Memorization Gets in the Way of Learning," *Atlantic*, September 10, 2013, https://www.theatlantic.com/education/archive/2013/09/when-memorization-gets-in-the-way-of-learning/279425/.

3. Marlieke T. R. van Kesteren et al., "Differential Roles for Medial Prefrontal and Medial Temporal Cortices in Schema-Dependent Encoding: From Congruent to Incongruent," special issue, *Neuropsychologia* 51, no. 12 (October 1, 2013): 2352–59, https://doi.org/10.1016/j.neuropsychologia.2013.05.027.

4. David M. Nabirahni, Brian R. Evans, and Ashley Persaud, "Al-Khwarizmi (Algorithm) and the Development of Algebra," *Mathematics Teaching Research Journal* 11, no. 1 (2019).

第3章　一题多解的乐趣

1. Rachel Ross, "Eureka! The Archimedes Principle," Live Science,

April 25, 2017, https://www.livescience.com/58839-archimedes-principle.html.

2. Ferris Jabr, "Why Your Brain Needs More Downtime," *Scientific American*, October 15, 2013, https://www.scientificamerican.com/article/mental-downtime/.

3. "MIT Research—Brain Processing of Visual Information," *MIT News*, December 19, 1996, https://news.mit.edu/1996/visualprocessing.

4. Susan Hagen, "The Mind's Eye," *Rochester Review* 74, no. 4 (March 2012): 32–37.

第 4 章　拥抱数学：建立归属感

1. Craig Barton, *How I Wish I'd Taught Maths: Lessons Learned from Research, Conversations with Experts, and 12 Years of Mistakes* (York, PA: Learning Sciences International, 2018).

2. Claude Steele, "Churn: Life in the Increasingly Diverse World of Higher Education and How to Make It Work," Faculty Advancement Network, February 4, 2022, https://www.facultyadvancementnetwork.org/claude-steele-churn-life-in-the-increasingly-diverse-world-of-higher-education-and-how-to-make-it-work.

3. Daniel J. Hemel, "Summers' Comments on Women and Science Draw Ire," *Harvard Crimson*, January 14, 2005, https://www.thecrimson.

com/article/2005/1/14/summers-comments-on-women-and-science/.

4. Linda Calhoun, Shruthi Jayaram, and Natasha Madorsky, "Leaky Pipelines or Broken Scaffolding? Supporting Women's Leadership in STEM (SSIR)," *Stanford Social Innovation Review*, June 1, 2022, https://ssir.org/articles/entry/leaky_pipelines_or_broken_scaffolding_supporting_womens_leadership_in_stem.

5. Catherine Good, Aneeta Rattan, and Carol S. Dweck, "Why Do Women Opt Out? Sense of Belonging and Women's Representation in Mathematics," *Journal of Personality and Social Psychology* 102, no. 4 (2012): 700–717, https://doi.org/10.1037/a0026659.

6. Michael Broda et al., "Reducing Inequality in Academic Success for Incoming College Students: A Randomized Trial of Growth Mindset and Belonging Interventions," *Journal of Research on Educational Effectiveness* 11, no. 3 (July 3, 2018): 317–38, https://doi.org/10.1080/19345747.2018.1429037.

7. Carol Dweck, "What Having a 'Growth Mindset' Actually Means," *Harvard Business Review*, January 13, 2016, https://hbr.org/2016/01/what-having-a-growth-mindset-actually-means.

8. Claude M. Steele, "A Threat in the Air: How Stereotypes Shape Intellectual Identity and Performance," *American Psychologist* 52, no. 6 (1997): 613–29, https://doi.org/10.1037/0003-066X.52.6.613.

第 5 章　看得见的数学：图形和实物的力量

1. “The Truth about A&W’s Third-Pound Burger and the Major Math Mix-Up,” A&W, accessed July 20, 2023, https://awrestaurants.com/blog/aw-third-pound-burger-fractions.

2. Elizabeth Green, “Why Do Americans Stink at Math?,” *New York Times*, July 23, 2014, sec. Magazine, https://www.nytimes.com/2014/07/27/magazine/why-do-americans-stink-at-math.html.

3. “Education GPS—Finland,” OECD, accessed July 20, 2023, https://gpseducation.oecd.org/CountryProfile?primaryCountry=FIN&treshold=10&topic=PI.

4. Jeevan Vasagar, “Why Singapore’s Kids Are So Good at Maths,” *Financial Times*, July 22, 2016, sec. FT Magazine, https://www.ft.com/content/2e4c61f2-4ec8-11e6-8172-e39ecd3b86fc.

5. Daniel T. Willingham, “How Knowledge Helps,” *American Federation of Teachers* 30, no. 1 (Spring 2006), https://www.aft.org/ae/spring2006/willingham; Marlieke T. R. van Kesteren et al., “Differential Roles for Medial Prefrontal and Medial Temporal Cortices in Schema-Dependent Encoding: From Congruent to Incongruent,” special issue, *Neuropsychologia* 51, no. 12 (October 1, 2013): 2352–59, https://doi.org/10.1016/j.neuropsychologia.2013.05.027.

6. Margarete Delazer et al., “Learning by Strategies and Learning by

Drill—Evidence from an fMRI Study," *NeuroImage* 25, no. 3 (April 15, 2005): 838–49, https://doi.org/10.1016/j.neuroimage.2004.12.009.

7. Andreas Nieder, "Prefrontal Cortex and the Evolution of Symbolic Reference," special issue, *Current Opinion in Neurobiology* 19, no. 1 (February 1, 2009): 99–108, https://doi.org/10.1016/j.conb.2009.04.008.

8. Judy S. DeLoache, Kevin F. Miller, and Karl S. Rosengren, "The Credible Shrinking Room: Very Young Children's Performance with Symbolic and Nonsymbolic Relations," *Psychological Science* 8, no. 4 (July 1, 1997): 308–13, https://doi.org/10.1111/j.1467-9280.1997.tb00443.x.

9. "Who Was Maria Montessori?," American Montessori Society, accessed July 20, 2023, https://amshq.org/About-Montessori/History-of-Who-Was-Maria-Montessori.

10. Jerome S. Bruner, *The Process of Education,* rev. ed. (Cambridge, MA: Harvard University Press, 1977), 33, https://doi.org/10.2307/j.ctvk12qst.

11. John Hoven and Barry Garelick, "Singapore Math: Simple or Complex?," *Educational Leadership* 65 (November 1, 2007).

第6章　化繁为简：简化问题的魔力

1. Megan Jackson, "Learn to Embrace the Art of Failure," *the NEWS*,

June 24, 2019, https://www.achrnews.com/articles/141466-learn-to-embrace-the-art-of-failure.

2. Robert M. Pirsig, *Zen and the Art of Motorcycle Maintenance: An Inquiry into Values* (New York: Morrow, 1974), 166, http://catdir.loc.gov/catdir/enhancements/fy0911/73012275-b.html.

第 7 章　跳出思维的盒子：尝试不同的方法

1. "Play Spelling Bee," *New York Times*, sec. Games, accessed July 20, 2023, https://www.nytimes.com/puzzles/spelling-bee.

2. Daniel T. Willingham, "How to Get Your Mind to Read," *New York Times*, November 25, 2017, sec. Opinion, https://www.nytimes.com/2017/11/25/opinion/sunday/how-to-get-your-mind-read.html.

第 8 章　精准练习：让数学学习更高效

1. Allison McNearney, "The Mystery of Why Michelangelo Burned His Sketches Just Before He Died," *Daily Beast*, April 21, 2019, sec. Arts and Culture, https://www.thedailybeast.com/the-mystery-of-why-michelangelo-burned-his-sketches-just-before-he-died.

2. Doug Lederman, "Who Changes Majors? (Not Who You Think)," *Inside Higher Ed*, December 7, 2017, https://www.insidehighered.com/

news/2017/12/08/nearly-third-students-change-major-within-three-years-math-majors-most.

3. National Academy of Engineering and National Research Council, "Chapter 3: The Loss of Students from STEM Majors," in *Community Colleges in the Evolving STEM Education Landscape: Summary of a Summit* (Washington, DC: National Academies Press, 2012), 19–22, https://doi.org/10.17226/13399.

4. Danfei Hu et al., "Not All Scientists Are Equal: Role Aspirants Influence Role Modeling Outcomes in STEM," *Basic and Applied Social Psychology* 42, no. 3 (March 6, 2020): 192–208, https://doi.org/10.1080/01973533.2020.1734006.

5. Pennsylvania State University, "Sorry, Einstein: Hard Workers May Make Better Role Models than Geniuses," PhysOrg, March 11, 2020, https://phys.org/news/2020-03-einstein-hard-workers-role-geniuses.html.

6. K. Anders Ericsson, Ralf T. Krampe, and Clemens Tesch-Römer, "The Role of Deliberate Practice in the Acquisition of Expert Performance," *Psychological Review* 100, no. 3 (1993): 363–406, https://doi.org/10.1037/0033-295X.100.3.363.

7. Anders Ericsson and Robert Pool, *Peak: Secrets from the New Science of Expertise* (New York: HarperCollins, 2016).

8. Malcolm Gladwell, *Outliers: The Story of Success* (New York: Penguin Books, 2009).

9. Daniel Willingham, "Ask the Cognitive Scientist: What Will Improve a Student's Memory?," *American Educator* 32, no. 4 (2013): 17–25.

10. Zearn Math Efficacy Research, *Students across Subgroups and Math Proficiency Levels Who Consistently Used Zearn Math Grew an Average of 1.3 Grade Levels in One Year of Learning* (Zearn, 2023), https://about.zearn.org/insights/zearn-impact-large-southern-district.

第 9 章　决定命运的方程式

1. Sarah D. Sparks, "Students' 'Dream Jobs' Out of Sync with Emerging Economy," *Education Week*, January 22, 2020, sec. Teaching & Learning, College & Workforce Readiness, https://www.edweek.org/teaching-learning/students-dream-jobs-out-of-sync-with-emerging-economy/2020/01.

2. *The State of American Jobs* (Pew Research Center, October 6, 2016), https://www.pewresearch.org/social-trends/2016/10/06/the-state-of-american-jobs/.

3. Ashley Finley, *How College Contributes to Workforce Success: Employer Views on What Matters Most* (AAC&U, 2021), https://www.aacu.org/research/how-college-contributes-to-workforce-success.

4. "The Cave Art Paintings of the Lascaux Cave," Bradshaw

Foundation, 2003, https://www.bradshawfoundation.com/lascaux/.

5. *Daily Chela* Staff, "Archaeologists Discover Sprawling Maya City," *The Daily Chela* (blog), January 31, 2023, https://www.dailychela.com/archaeologists-discover-sprawling-maya-city/.

6. Abigail Okrent and Amy Burke, "The STEM Labor Force of Today: Scientists, Engineers, and Skilled Technical Workers," *Science and Engineering Indicators* (August 2021), https://ncses.nsf.gov/pubs/nsb20212.

7. Data USA and Deloitte, "Computer Science," Data USA, 2021, https://datausa.io/profile/cip/computer-science-110701.

8. Amy Burke, Abigail Okrent, and Katherine Hale, "The State of U.S. Science and Engineering 2022," *Science and Engineering Indicators* (January 18, 2022), https://ncses.nsf.gov/pubs/nsb20221.

9. Brian Kennedy, Richard Fry, and Cary Funk, "6 Facts about America's STEM Workforce and Those Training for It," Pew Research Center, April 14, 2021, https://www.pewresearch.org/short-reads/2021/04/14/6-facts-about-americas-stem-workforce-and-those-training-for-it/.

10. Bill Gates, "More Students Flunk This High School Course than Any Other," *GatesNotes* (blog), December 7, 2021, https://www.gatesnotes.com/Helping-students-succeed-in-Algebra.

11. Adam Hardy, "The Wage Gap between College and High School

Grads Just Hit a Record High," *Money*, February 14, 2022, https://money.com/wage-gap-college-high-school-grads/.

12. Heather Rose and Julian R. Betts, *Math Matters: The Links between High School Curriculum, College Graduation, and Earnings* (San Francisco: Public Policy Institute of California, 2001).

13. Erin Richards, "Despite Common Core and More Testing, Reading and Math Scores Haven't Budged in a Decade," *USA Today*, October 30, 2019, https://www.usatoday.com/story/news/education/2019/10/29/national-math-reading-level-test-score-common-core-standards-phonics/2499622001/.

14. Peg Tyre, "The Math Revolution," *Atlantic*, February 9, 2016, https://www.theatlantic.com/magazine/archive/2016/03/the-math-revolution/426855/.

15. National Center for Science and Engineering Statistics, *2020 Doctorate Recipients from U.S. Universities* (National Science Foundation, 2021) https://ncses.nsf.gov/pubs/nsf22300/report/temporary-visa-holder-plans.

16. Ylan Q. Mui, "Americans Saw Wealth Plummet 40 Percent from 2007 to 2010, Federal Reserve Says," *Washington Post*, May 20, 2023, https://www.washingtonpost.com/business/economy/fed-americans-wealth-dropped-40-percent/2012/06/11/gJQAlIsCVV_story.html.

17. Bill Gates, *How to Avoid a Climate Disaster: The Solutions We*

Have and the Breakthroughs We Need (New York: Knopf Doubleday Publishing Group, 2021).

第 10 章　培养新一代数学达人

1. Marta W. Aldrich, "Tennessee Looks to 'Mississippi Miracle' as It Grapples with Stagnant Reading Scores," *Chalkbeat Tennessee*, February 23, 2023, https://tn.chalkbeat.org/2023/2/23/23611426/tennessee-reading-retention-mississippi-miracle-bill-lee-legislature.

2. Emily Hanford, "How Teaching Kids to Read Went So Wrong," October 20, 2022, *Sold a Story*, produced by American Public Media, podcast, accessed July 27, 2023, https://features.apmreports.org/sold-a-story/.

3. *The Simpsons*, season 21, episode 18, "Chief of Hearts," aired April 18, 2010, on Fox.

4. Linda B. Glaser, "Physicist Offers New Take on Million-Dollar Math Problem," *Cornell Chronicle*, August 1, 2019, https://news.cornell.edu/stories/2019/08/physicist-offers-new-take-million-dollar-math-problem.

5. *Peggy Sue Got Married*, directed by Francis Ford Coppola (Culver City, CA: TriStar Pictures, 1986).

6. Steven D. Levitt, "Steven Strogatz Thinks You Don't Know

What Math Is," January 6, 2023, *People I (Mostly) Admire*, produced by Freakonomics, podcast, accessed July 27, 2023, https://freakonomics.com/podcast/steven-strogatz-thinks-you-dont-know-what-math-is/.

7. Shalinee Sharma and Shirin Hashim, "Mindsets toward Math: Survey Finds High Zearn Math Usage Tied to More Positive Mindsets about Math," Zearn, 2018, https://about.zearn.org/research/mindsets-toward-math.

第 11 章　告别标签：从分类到全面教学

1. PK, "Height Percentile Calculator by Gender (United States)," DQYDJ, 2016, https://dqydj.com/height-percentile-calculator-for-men-and-women.

2. Sarah Mervosh and Ashley Wu, "Math Scores Fell in Nearly Every State, and Reading Dipped on National Exam," *New York Times*, October 24, 2022, sec. U.S., https://www.nytimes.com/2022/10/24/us/math-reading-scores-pandemic.html.

3. Sian Beilock, *Choke* (New York: Atria Books, 2011), https://www.simonandschuster.com/books/Choke/Sian-Beilock/9781416596189.

4. Alec Wilkinson, "Math Is the Great Secret," *New York Times*, September 18, 2022, sec. Opinion, https://www.nytimes.com/2022/09/18/opinion/math-adolescence-mystery.html.

5. Wilkinson, “Math Is the Great Secret.”

6. *Encyclopaedia Britannica Online*, s.v. “Pythagorean Theorem,” accessed July 8, 2023, https://www.britannica.com/science/Pythagorean-theorem.

尾声　因热爱而美丽

1. Soren Kierkegaard, *Works of Love*, trans. Howard Hong and Edna Hong (New York: Harper Perennial Modern Thought, 2009), 49.

2. Kierkegaard, *Works of Love*, 50.

3. Kierkegaard, *Works of Love*, 49.